知的生きかた文庫



# 世界一おいしいワインの楽しみ方

Tamy

三笠書房

はじめに

# 自分にとってのベストワインに出会うために

20代の頃、私は海が見える丘にあるワイン教室で働いていました。

ドイツワインの輸入商社が経営する教室で、私は講師を務めるソムリエのアシスタントをしながら、本業であるワインの買い付けにも同行することがありました。実際にドイツのワイン生産者のもとを訪れ、醸造施設や畑を見ながら、様々なワインを試飲させてもらいました。

ドイツは世界のワイン生産地の中でも北限に位置する寒冷地のために平坦な土地に畑を作っても良質なブドウは育ちません。そこで、川に反射する太陽光を利用し、工作機械が入れない急斜面でブドウを栽培するのです。

そうした環境の中で手間暇かけて収穫したブドウで造るワインは、まさしく天と大地の恵みです。ドイツで味わったワインは、このような生産者の想いが詰まった「農産物」なんだなぁと、ひたすら感動しました。

その後、結婚を機に退職。転勤族だった夫とともに、各地を転々としながら子育てに忙しい時期を過ごしました。そんな日々の中でもワインに対する熱が冷めることはなく、子育てがひと段落すると、今度は生徒としてワインスクールに通い始めます。日本ソムリエ協会が認定する「ワインエキスパート」という資格取得を目指した講義は非常に充実したもので、試験をパスして憧れの金のブドウバッジを手にしたときは、飛び上がる程嬉しかったのを覚えています。

でも、いざ資格を取った自分の立ち位置を振り返ってみると、とても奥が深いワイン世界の入り口に立ったに過ぎないことを実感しました。レストランやワインショップで働いていれば、その知識を生かして仕事につなげられますが、ただの主婦である私は好きなワインを買って飲むことしかできません。

資格取得後、すぐ次男を妊娠し、またワインから遠ざかる時期もありましたが、やはりジッとしていられない性分で、インスタグラムに日々の絵日記を投稿し始めました。飲むことも食べることも大好きなので、食べ物のイラストを描いていたところたくさんの方に見ていただき、最近ではレシピやワインの記事を書く機会も増えてきています。とはいえ、私もみなさんと同じくワインをもっと楽しみたい、ワインの世界をもっと深く知りたいと願う人間の1人です。

ワインは難しい……みなさん、そう口を揃えます。確かに日本では、ワインはいまだに特別な日にレストランで楽しむものというイメージが強いかもしれません。しかし、なんとなく「難しい」という理由でワインを敬遠しているのであれば、それはとてももったいないことです。自宅で気軽に手料理とともに楽しむワイン。たまには贅沢にボルドーやブルゴーニュといったワインに挑戦してみるのもいいでしょう。今よりもっとワインを知るための近道は、おいしいワインとの「出会い」です。生産者が情熱を傾けて造るワインと、それにピタリと合う料理のマリアージュに出会うことで、ワインの世界は一気に広がります。

この本は、ワインの入門的な内容に触れつつ、より気軽にワインを楽しむための知識を集めています。また、複雑な内容はイラストでわかりやすく解説しました。本書が、日々の生活に寄り添う1杯に出会うきっかけになれば幸いです。

**Tamy**

Contents

はじめに 3

Chapter 1 ワインの基本

造り方 ワインはどうやって造られる？ 10
赤ワイン／白ワイン／ロゼワイン／シャンパーニュ／ナチュラルワイン
地域 「旧世界」と「新世界」って何？ 24
香り アロマが持つ香りの特徴を掴む 26
テイスティング ワインを〝知る〟ための第一歩 30
味わい 舌全体で味の個性を感じ取る 34
外観 ワインの見た目は情報の宝庫 40
グラス ワイングラスが味や香りを変える 46
ボトル ワインに最適なボトルのカタチ 52
ラベル ワインラベルからわかること 56
コルク 熟成を助けるコルクの役割 62
アイテム あると便利なワイングッズ 64
保存 ワインをおいしく保存する方法 70
温度 ワインは少しひんやりが適温 74
順番 軽いワインから重いワインへ 78
買う場所 おいしいワインが買える場所 84
マナー これだけ覚えれば安心！
基本のマナー 90

Chapter 2 ブドウの品種

ワイン選びのポイントとは？ 98

赤

カベルネ・ソーヴィニヨン 104
メルロー 106
カベルネ・フラン 108
ピノ・ノワール 110
ガメイ 112

シラー 114
ネッビオーロ 116
サンジョヴェーゼ 118
テンプラニーリョ 120
ジンファンデル 122
カルメネール 124

白

シャルドネ 126
ソーヴィニヨン・ブラン 128
リースリング 130
セミヨン 132
ピノ・グリ 134
ヴィオニエ 136
ゲヴュルツトラミネール 138
シルヴァーナー 140
ミュラー・トゥルガウ 142
シュナン・ブラン 144
甲州 146

Chapter 3 ワインはどこで造られる?

ワインの世界地図 150

旧世界

フランス 154
ボルドー地方 157
ブルゴーニュ地方 162
シャンパーニュ地方 165
ロワール地方 169
コート・デュ・ローヌ地方 170
アルザス地方 171
イタリア 172
スペイン 176
ドイツ 180

新世界

アメリカ　184
オーストラリア　188
ニュージーランド　190
チリ　192
南アフリカ　194
日本　196

Chapter 4 ワインと食べたいレシピ

白ワインに合わせる夏野菜のトマト煮　202
ボジョレーヌーヴォーと鶏肉の赤ワイン煮　206
スペインワインと楽しむパエリア　210
ミニカルツォーネとお手頃ワイン　214
チリワインと相性抜群の味噌カツ　218
ノヴェッロがおいしいジャーマンポテト　222
炊飯器を使った絶品ローストビーフ　226
イタリアワインとアスパラのチーズ焼き　230
冬のイベントに作りたいホットワイン　234
チリワインに合う牡蠣のアヒージョ　238
辛口のシャルドネと鮭のホイル焼き　242
ロブション直伝！　じゃがいものピュレ　246
チリの白ワインとサンマのパン粉焼き　250

Column

ワインラベルのジャケ買いはアリ？　60
コルクが途中で割れてしまったら　69
ワインの「ヴィンテージ」って何？　96

本文イラスト　Tamy
編集協力　田幸宏美

Chapter 1

# ワインの基本

造り方

# ワインはどうやって造られる？

「ワイン」と一口にいっても、お店やレストランに行けば、迷ってしまうほどの、様々なワインがあります。

赤ワイン、白ワイン、ロゼ、スパークリングワインなどなど。

ブドウから造られているのは知っているけれど、なぜあれほどに色や香り、味わいが違うのか——。不思議に思いませんか。

そうです。ワインの世界はとても奥深く、そして面白いのです！

お酒の中でも極めて長い歴史を持つワインは、世界中の人に愛され、そして日々発展しています。

そんなワインの造り方はいたってシンプル。

**基本的にブドウの果実だけがあればいいのです。**なぜなら、アルコール発酵に

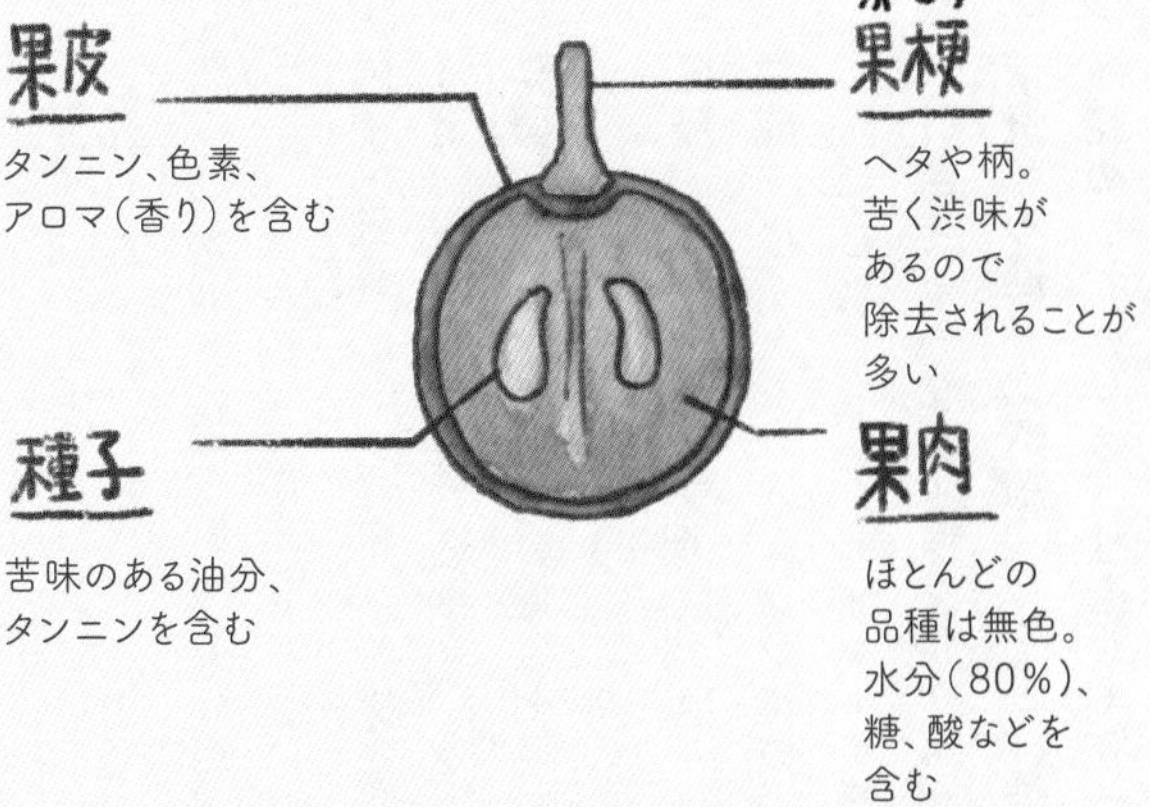
果皮
タンニン、色素、
アロマ（香り）を含む
果梗《かこう》
ヘタや柄。
苦く渋味が
あるので
除去されることが
多い
種子
苦味のある油分、
タンニンを含む
果肉
ほとんどの
品種は無色。
水分（80％）、
糖、酸などを
含む

必要な「糖分」も「酵母」もブドウ自体に含まれているから。そしてビールや焼酎のように、水を足すこともありません。「ブドウはワインの味を決める大切な要素の1つ」といわれるのは、こうした造り方からかもしれませんね。

　ワイン用ブドウの果実は小さいものですが、その小さな実にギュッと甘さと成分が凝縮されています。使われるのは果皮、果肉、種子の部分です。いわゆるヘタや柄の部分は、苦く渋味があるので除去されることが多いです。

　それでは、代表的なワインの造り方をご紹介します。

## 赤ワインの造り方

赤ワイン造りの特徴は黒ブドウの果汁だけでなく、種子と果皮もいっしょに発酵させることです。これによって、色の濃淡や渋味が引き出されます。

①**除梗《じょこう》・破砕《はさい》**　ヘタや柄などの果梗《かこう》を取り除いた後、果皮ごと潰し、果汁を出す。

②**浸漬《しんし》**　ブドウを漬け込みながら、果汁に果皮の色を移す。

③**発酵**　酵母がブドウの糖分をアルコールに変える。発酵させる期間によって色合いや渋味が変わる。

④**圧搾**　タンクからワインを抜き取り、その後、圧をかけて果汁を搾る。

⑤**熟成**　樽かステンレスタンクの中で熟成させる。リンゴ酸から乳酸に変化させ（マロラクティック発酵）、落ちつかせる。

⑥**澱《おり》引き**　余分な沈殿物を取り除く。

⑦**清澄《せいりょう》・ろ過**　清澄剤を使って浮遊物を取る。さらに微生物や不純物をろ過する。

⑧**瓶詰め**　瓶に詰め、栓をしてラベルを貼る。この後、瓶内熟成させるものも。

## 赤ワインができるまで

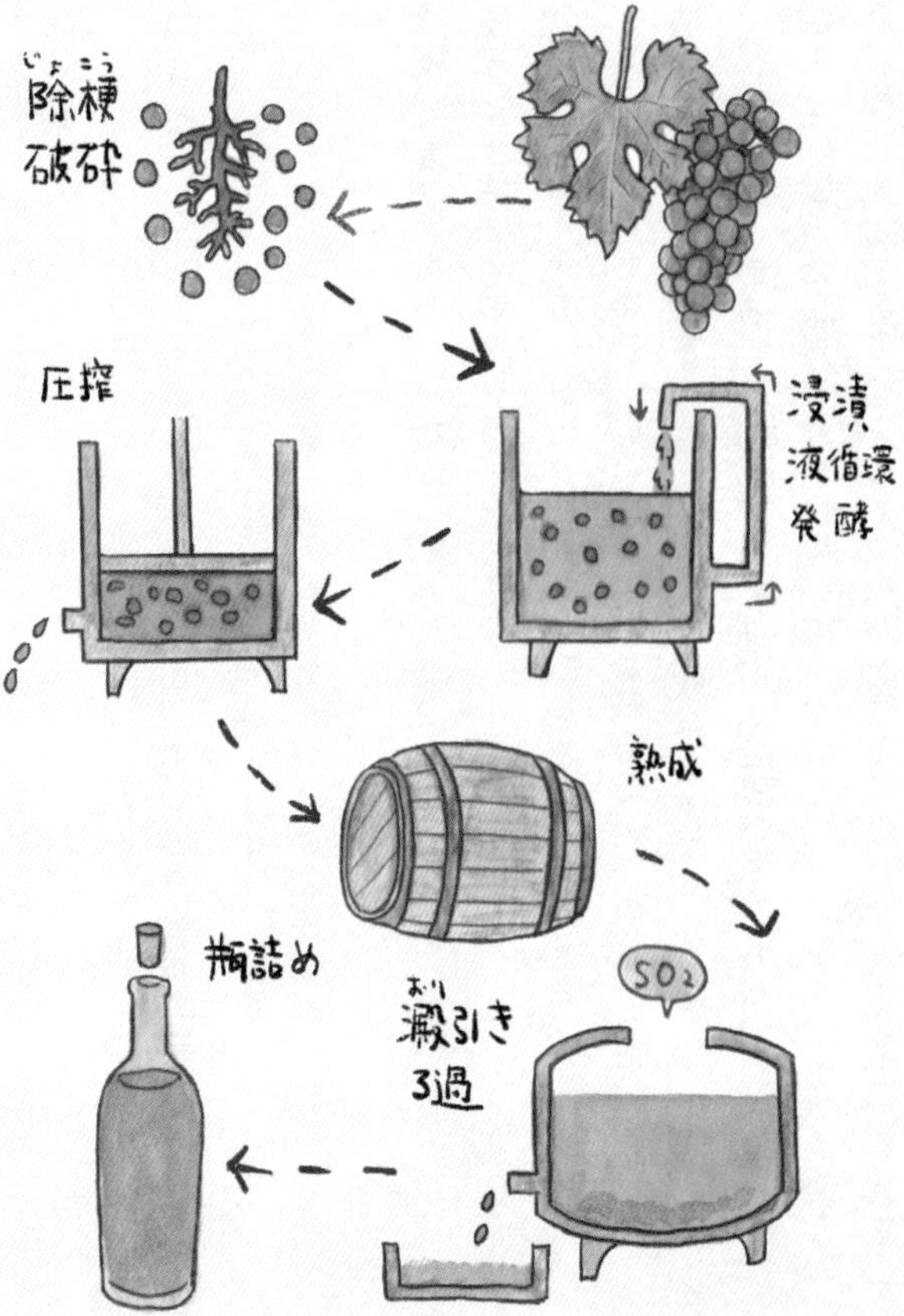


$SO_2$(亜硫酸塩)…酸化防止剤として投入

## 白ワインの造り方

白ワインはブドウの果皮と種子は使わず、果汁のみを発酵させて造られます。発酵する際に果皮の色や、いわゆる渋味といわれる「タンニン」がワインに移らないので、軽やかかつ滑らかな口当たりになるのです。

①**除梗《じょこう》** 果梗《かこう》を取り除いた後、果汁が出やすくなるように軽く潰す。

②**圧搾** 圧搾機で果皮や種子を取り除く。

③**沈殿・発酵** 果汁をタンクに入れ、不純物を沈殿させる。この後、酵母がブドウの糖分をアルコールに変える。

④**熟成** フレッシュなうちに飲む「早飲みタイプ」に仕上げるならタンクで、コクのある「長期熟成タイプ」に仕上げるなら樽で熟成させる。

⑤**澱《おり》引き** 濁った果汁を静かに置いて、沈殿した浮遊物や固形物を取り除く。

⑥**瓶詰め** 瓶に詰め、栓をしてラベルを貼る。寝かせてから出荷されることも。

## 白ワインができるまで

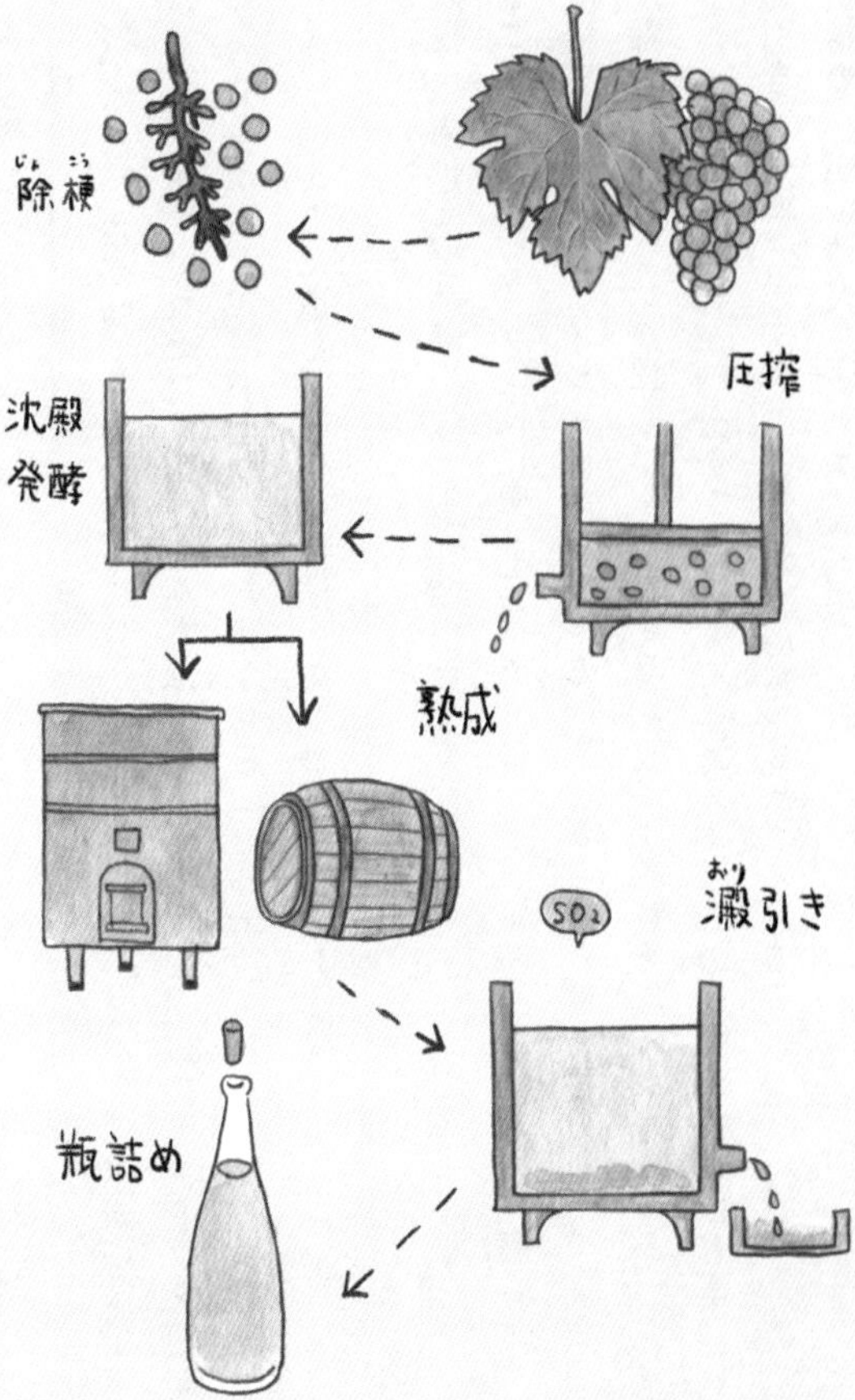

除《じょ》梗《こう》
圧搾
沈殿
発酵
熟成
SO2
澱《おり》引き
瓶詰め

## ロゼワインの造り方

かわいらしい色が特徴のロゼワイン。あの色合いは造り方や造り手の裁量によって変わります。ロゼワインの造り方は主に、赤ワイン同様に黒ブドウを使い、ブドウの果汁、果皮、種子を一緒に発酵させる「セニエ法」と、黒ブドウを使って白ワインのように造る「直接圧搾法」の2つに分けられます。

①**除梗《じょこう》** 果梗《かこう》を取り除いた後、果汁が出やすくなるように軽く潰す。

②**セニエ法** 赤ワイン同様に果汁に果皮、種子を一定時間漬け込み発酵させる。

**直接圧搾法** 白ワイン同様に圧搾する。果皮から色が淡く移る。

③**沈殿・発酵** タンクにしばらく置きながら、不純物を底に沈殿させる。酵母が糖分をアルコールに変える。この期間が長いほど辛口に。

④**澱《おり》引き・ろ過** 微生物や不純物などの澱を集め、ろ過する。

⑤**瓶詰め** 瓶に詰め、栓をしてラベルを貼る。

# ロゼワインができるまで

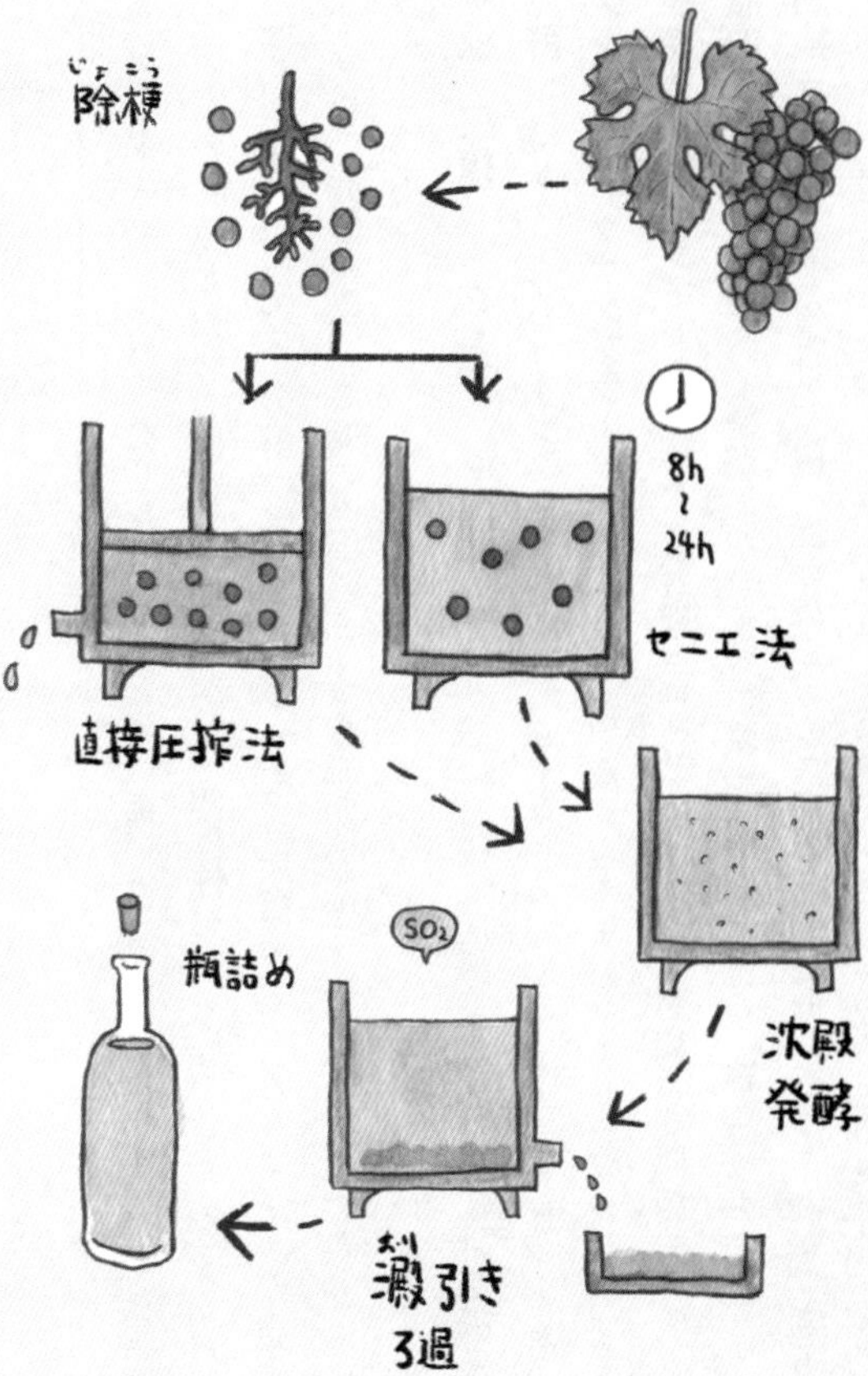

## シャンパーニュの造り方

シャンパーニュはスパークリングワインの一種。フランスのシャンパーニュ地方で、規定の品種と製法で造られた伝統的な発泡性のワインです。シャンパーニュは瓶内で酵母が糖を分解することによって、炭酸ガスとアルコールが発生。時間をかけて発酵・熟成させることで、きめ細かい泡に仕上がるのです。

① **除梗《じょこう》・圧搾** ヘタや柄などの果梗《かこう》を取り除いた後、圧搾機にかけて果汁を搾る。

② **発酵** 樽かステンレスタンクの中で、発酵させながら、ベースとなるワインを造る。

③ **ブレンド（アッサンブラージュ）** 異なる品種、収穫年のワインをブレンドする。

④ **瓶詰め** ブレンドしたワインに発酵を促すリキュールを添加して瓶詰めする。

⑤ **瓶内二次発酵** 瓶内で糖がアルコールに変わると同時に、炭酸ガスが発生する。

⑥ **澱《おり》抜き** 冷凍液に浸けた後、栓を抜く。ガス圧で澱だけ取り除くことができる。

⑦ **リキュール添加** リキュールを添加して、甘さを調節することが多い。

## シャンパーニュができるまで

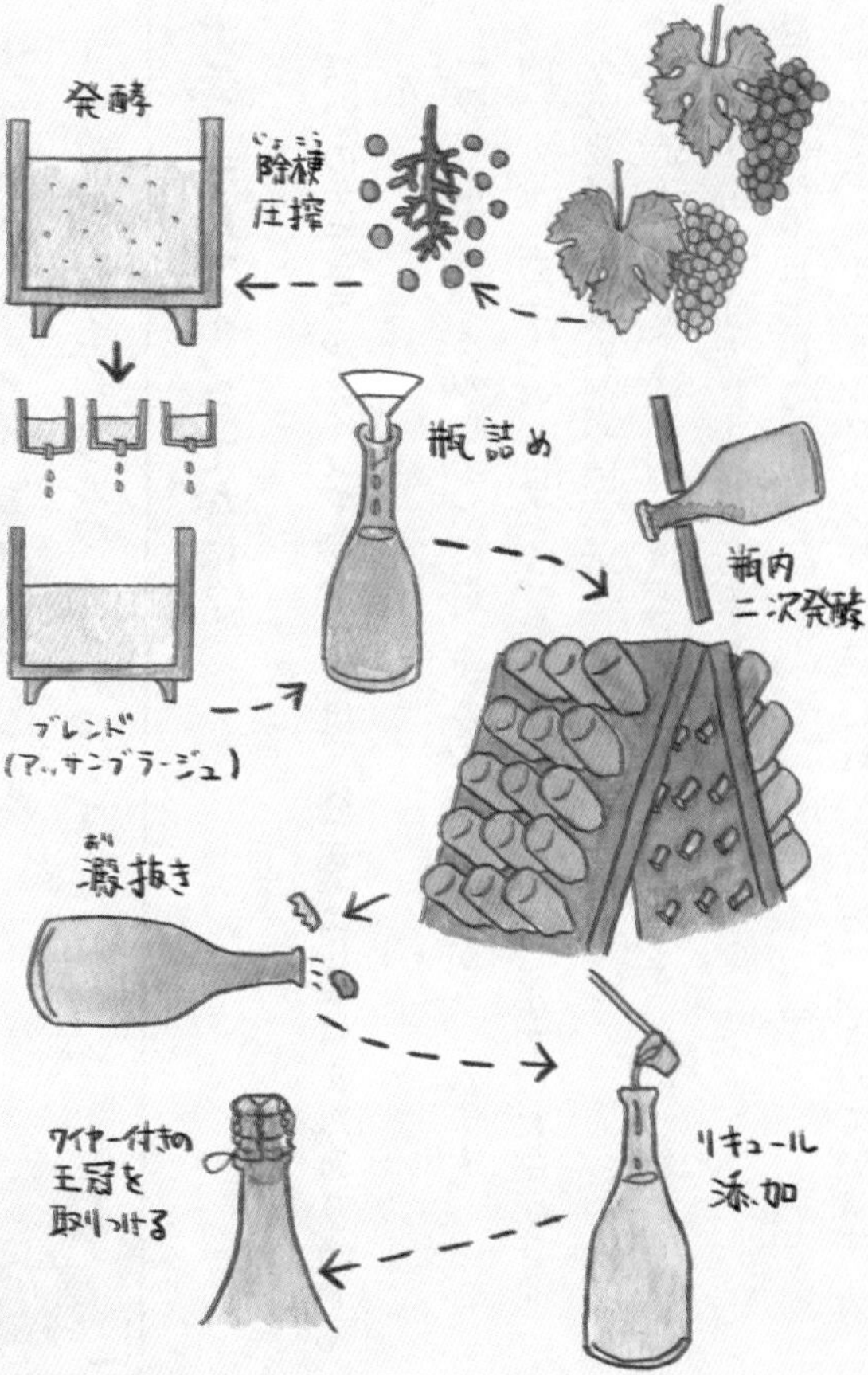

# ナチュラルワインの造り方

## ～今話題のナチュラルワインについて～

**Q ナチュラルワインってなに？**

**A** 今話題のナチュラルワインですが、実は、公式な定義はまだありません。

ただ一般的にナチュラルワインには、次のような傾向がみられます。

◇工業的に大量生産するのではなく、伝統的な造り方で、小規模に生産する
◇ブドウの栽培時に殺虫剤や除草剤を使用しない
◇ワイン製造工程でも、添加物はほとんど（あるいは全く）使用しない
◇発酵は野生酵母、または天然酵母だけを使用する
◇ろ過せずに仕上げている

このように、ナチュラルワインは**「自然に近い造り方」**がされています。

## Q ナチュラルワインならではの特徴は?

## A ナチュラルワインには次のような特徴があります。

◇ろ過していないので、濁っていたり、酵母の澱《おり》を含んでいたりする
◇環境に左右されやすいため、ものや年によってバラつきがある
◇育成環境(テロワール)や、造り手の好みがダイレクトに反映される
◇添加物が最低限、もしくは無添加なので、丁寧に保管する必要がある

ナチュラルワインは、ワインの歴史の中でもまだまだ新しい存在。なので、**ルールに縛られない自由なワイン造り**がされています。味わいもその年によって様々ですが、だからこそ、楽しみながら自由に飲んでみるのがいいのかもしれません。

## Q オーガニックワインとの違いは？

## A 「オーガニックワイン」と「ナチュラルワイン」は同じ点も、違う点もあります。

同じ点では、**どちらも化学的な農薬や除草剤は使用しません。**

酵母も自然由来のものを使い、添加物は極力使わないこととされます。

またろ過しないので、よく見ると澱《おり》が浮かんでいることもあります。

違う点でいえば、ナチュラルワインのブドウの収穫は手摘みが多いのですが、オーガニックワインでは機械を使っても問題ありません。

また、**「オーガニック」「有機」という名称はＪＡＳ規格という農林水産省が認める認証機関で認められたものだけしか使えません。**

対して「ビオ」「自然派」「ナチュール」などは、今のところ制限されていないので、誰でも使うことができます。

# Q 認証マークはあるの？

## A ナチュラルワインには認証マークはありません。

しかしナチュラルワインよりも、しっかりと定義のある**オーガニック製法の商品には認証マークがあります。**ただ、認証機関は国や組合から成り立っていて、表示の義務も特にありません。そして認証申請しなくても、オーガニックワインを造っている生産者も多くいます。

**オーガニック認証マーク（一部）**

フランス AB認証

フランス エコサート

ドイツ デメター

EU ユーロリーフ

地域

# 「旧世界」と「新世界」って何？

ワインは造られる地域によって「旧世界」と「新世界」の2つに分けられます。旧世界とは、**紀元前からワインが造られ、キリスト教の布教とともにワインが広がったヨーロッパ諸国**のこと。様々な品種がブレンドされて造られることが多く、味を予想するのは困難です。

そこで指標となるのが「産地」です。旧世界の産地は、個性を守るためにルールを設けていることが多く、地域ごとに味わいの違いがはっきりしているからです。そして伝統的な製造方法やルールを守っているため、大量生産向きではありません。そのため価格が高くなってしまうこともあります。

一方、新世界はイギリスの植民地などを中心に、その入植者によってワイン造りが始まったアメリカやチリ、オーストラリア、南アフリカといった**ワイン新興国**です。近年ワイン造りが本格的に始まった日本も、この新世界に入ります。

技術の向上や温暖化の影響でワインの生産地は世界に広がっています。

それぞれの地域で良質なワインはたくさんありますが、ワインのことを深く知りたいと思ったら、まずはフランスワインを押さえるのが近道です。というのも、ほとんどの新世界ワインはフランスをお手本に造られており、フランスワインを知ることで、それ以外のワインを理解しやすくなるからです。

新世界の生産地の中には、フランスで栽培されている品種を育て、フランスから技術者を招き、ワイン造りを教わる国もあります。

新世界のワインは、ボルドー地方の品種（カベルネ・ソーヴィニヨンやメルロー、ソーヴィニヨン・ブランなど）が使われたワインはボルドータイプのボトルを、ブルゴーニュ地方の品種（ピノ・ノワールやシャルドネなど）が使われたワインはブルゴーニュタイプのボトルを使用するのが一般的です。（P52参照）

新世界のワインは旧世界のように厳格なルールや伝統もないため、**比較的安価に購入できることも魅力です。**

香り

# アロマが持つ香りの特徴を掴む

ブドウが原料のワインですが、その香りは非常に複雑で様々な要素を合わせ持っています。これを整理するために、ワインの香りは大きく3つに分類されています。

ブドウ由来の香りは「第一アロマ」、醸造や発酵の過程で生まれる香りは「第二アロマ」、樽や瓶内で熟成中に生まれる香りが「第三アロマ」です。それぞれのアロマが持つ香りの特徴をチェックしてみましょう。

**第一アロマ**…ブドウ由来の香り。果実、花、植物、スパイス、ミネラルなど。

**第二アロマ**…醸造、発酵で生まれる香り。キャンディ、吟醸香、バナナなど。

**第三アロマ（ブーケ）**…樽や瓶内で熟成中に現れる香り。バニラ、ロースト、スパイスなど。

第一アロマ
（ブドウ由来の香り）

第二アロマ
（発酵で生まれる香り）

第三アロマ「ブーケ」
（熟成中に現れる香り）

次にそれぞれがどんな香りなのか、大きく分けてみます。

**フルーツ**…柑橘《かんきつ》類、白い果実、黄色い果実、赤い果実、黒い果実、トロピカルフルーツ、ドライフルーツ、フルーツの砂糖漬けなど。

**花**…白い花、赤い花など。

**植物**…ハーブ系、森林系、ピーマンやアスパラガスなどの野菜系、トリュフやキノコといった土系など。

**お菓子**…ブリオッシュ、カスタード、キャンディなど。

**スパイス**…コショウ、シナモン、八角など。

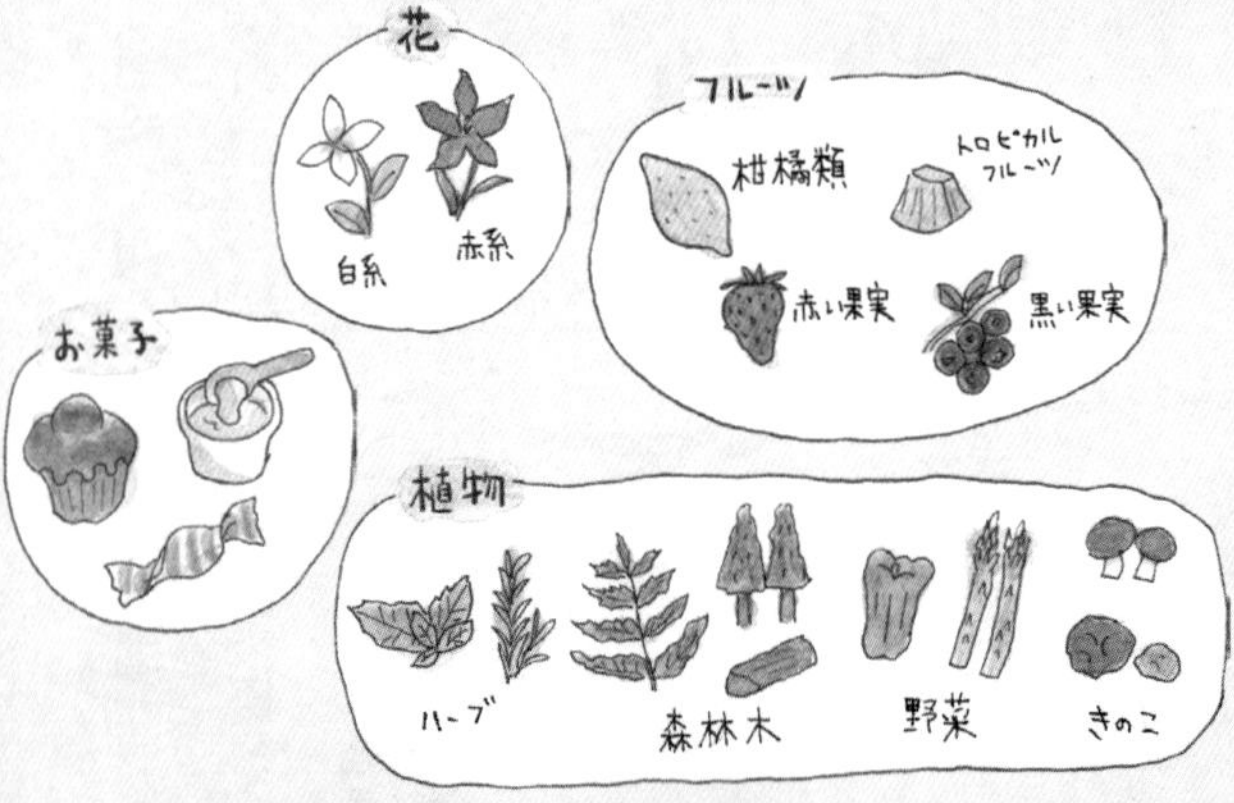

**ナッツ**…クルミ、ヘーゼルナッツ、アーモンドなど。
**トースト**…タール、燻製《くんせい》、コーヒーなど。
**動物**…ジャコウネコ、なめし皮など。
**ケミカル**…インク、鉛筆の芯、石油など。
**ミネラル**…火打石、花火、石、チョークなど。
**乳製品**…バター、ヨーグルトなど。
**不快臭**…濡れた段ボール、カビ、硫黄、酢など。

例えば「フルーツのグループに入るな……その中でも黒い果実、ブラックチェリーのような香りだな」といった具合に分析していきます。

テイスティング

# ワインを"知る"ための第一歩

ワインのテイスティングと聞くと、多くの人は一口飲んだだけで国や生産者、畑やヴィンテージ（年代）をピタリと当てる神業のようなイメージがあるかもしれません。しかし、実際のテイスティングは、それぞれのワインの特徴を分析して整理するためのものです。

もちろん、そんなことはプロに任せて飲めばいいのですが、テイスティングができるようになると、**自分はどんなワインが好きなのか、以前飲んだものと比較してこのワインはどうなのか**、といったことを意識できるようになります。好みのワインを自分の基準で選べるようになれば、世界がグッと広がるはずです。

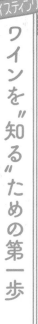

ワインをより深く楽しむためにも、ぜひ試してみてはいかがでしょう。というわけで、ここでは簡単なテイスティングの方法を紹介します。

まずはテイスティングに必要なものを揃えましょう。といっても、使うのは無

## テイスティングの流れ

色透明の脚付きグラスと白い布や紙だけです。グラスは柄がなく色が見やすく小ぶりなものがオススメ。布や紙は、ワインの色をより見やすくするために使います。

テイスティングは、いくつかのポイントさえ押さえれば誰でも簡単に行えます。大切なのは「外観」「香り」「味わい」の3つ。これらの要素を意識してワインを観察していきます。

**外観**…グラスの中で清澄度・輝き・濃淡・粘性などを確認します。

**香り**…まずはそのままの状態で香りをチェックし、グラスを回し（スワリング）空気を取り入れてからもう1度確認します。

ワインの特徴を
言葉でとらえる

**味わい**…1回に口に含む量は、10〜15mℓ。ワインを舌全体に広げて味わいましょう。ワインの余韻の長さも大切です。

これらの要素を複合して、ワインの特徴を掴んでいきます。とはいえ、いきなり自分で特徴を上げていくのは難しいでしょう。

そこで、ワインの特徴がリスト化されているチェックシートなどを使うことをオススメします。数種類のワインを一緒にテイスティングすると、その違いがよくわかると思います。

また、数人で意見を出し合うことで「確かにそんな香りがするな」と、自分では気付かなかった発見があり、楽しくテイスティングできますよ。

味わい

# 舌全体で味の個性を感じ取る

ワインの外観と香りを観察したら、最後は肝心の味わいをチェックしましょう。ワインを口に含む1回の量は、10～15㎖程度。少量を口に含む程度でＯＫです。口に含んだワインで、舌全体を包むように広げていきます。味覚は、舌全体で感じるものです。**舌先は甘味、舌の横は酸味、舌の奥は苦味**を特に感じやすいので、それぞれの箇所にワインが行き渡るように意識してみてください。

テイスティングの際にはプロは「ズルズル」と音を立てることがありますが、これは口に含んだワインを空気に触れさせることで香りや味わいを引き出すための仕草です。おうちでこっそり試してみるのはいいかもしれませんが、レストランなどではやらないほうがスマートです。

テイスティングでは、口に含んだ第一印象（アタック）の強弱、次に酸味、甘味、渋味、アルコール度、バランス、最後に余韻をとらえていきます。感じる

## テイスティング

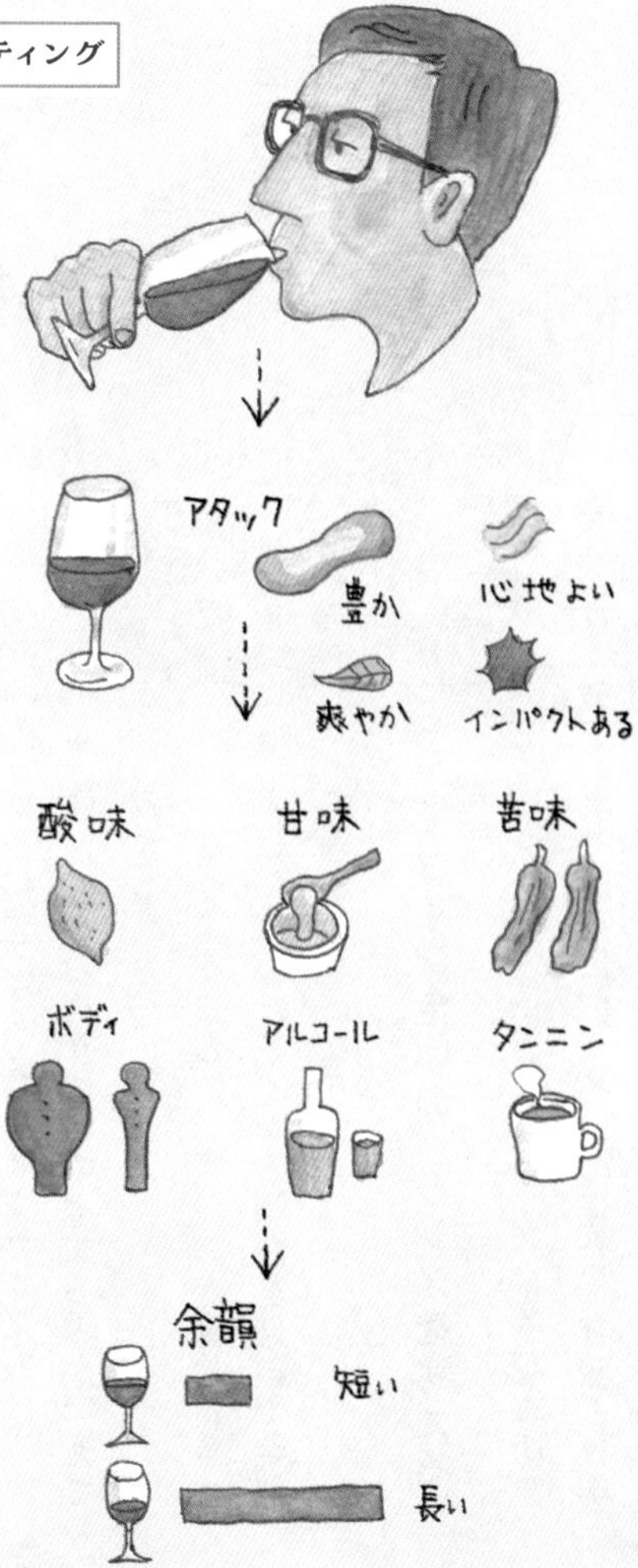
アタック
豊か
心地よい
爽やか
インパクトある
酸味
甘味
苦味
ボディ
アルコール
タンニン
余韻
短い
長い

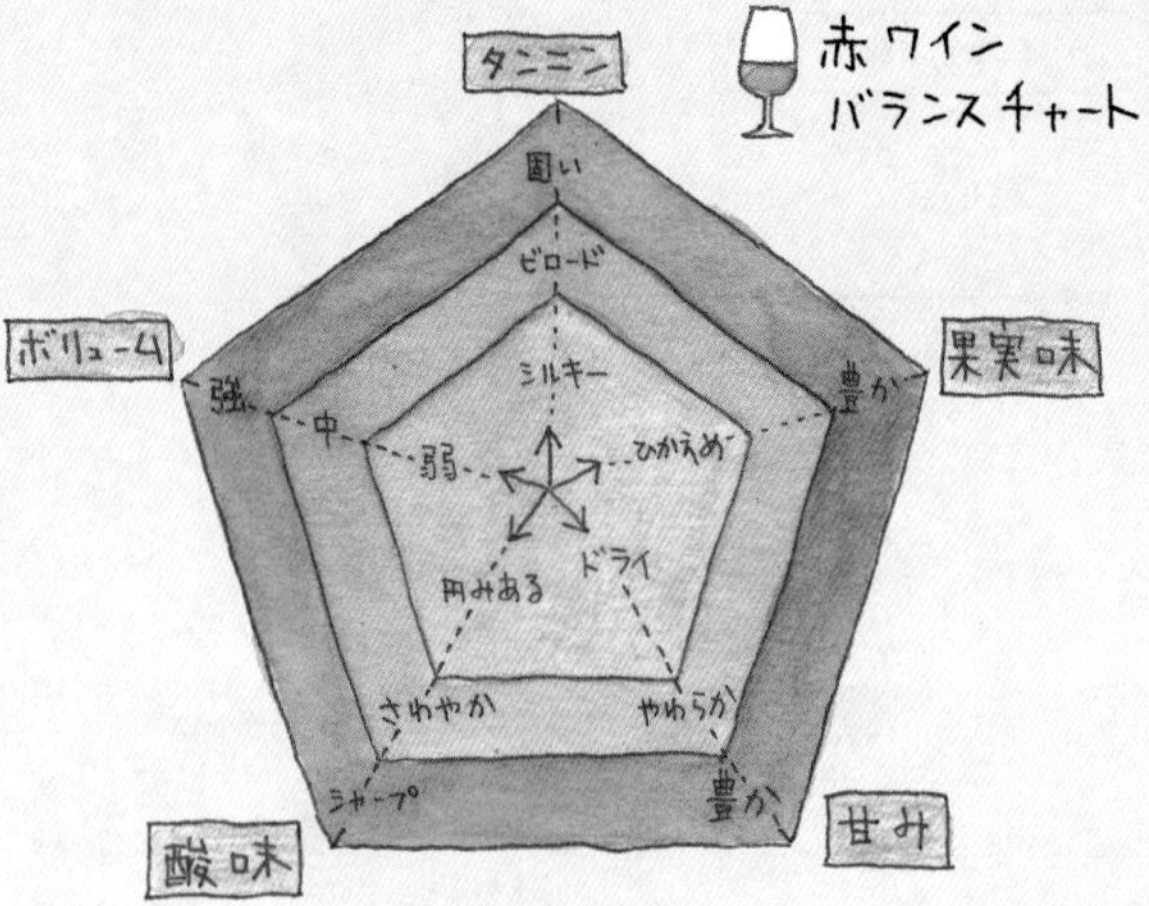


味わいを言葉に置き換える作業は香りと同じく共通語がありますので、38ページからの「テイスティングチェックシート」を使ってどの辺りに当てはまるのか考えてみましょう。

こうすることで、表現力が身に付きますし、飲んだワインの個性を言葉で整理できるようになります。

## ワイン全体のバランスを考える

ワインの味わいはバランスが大切です。例えば白ワインの場合、甘味だけ突出していると力強く感じ、酸味が勝つとシャープな印象を受けます。また、甘味

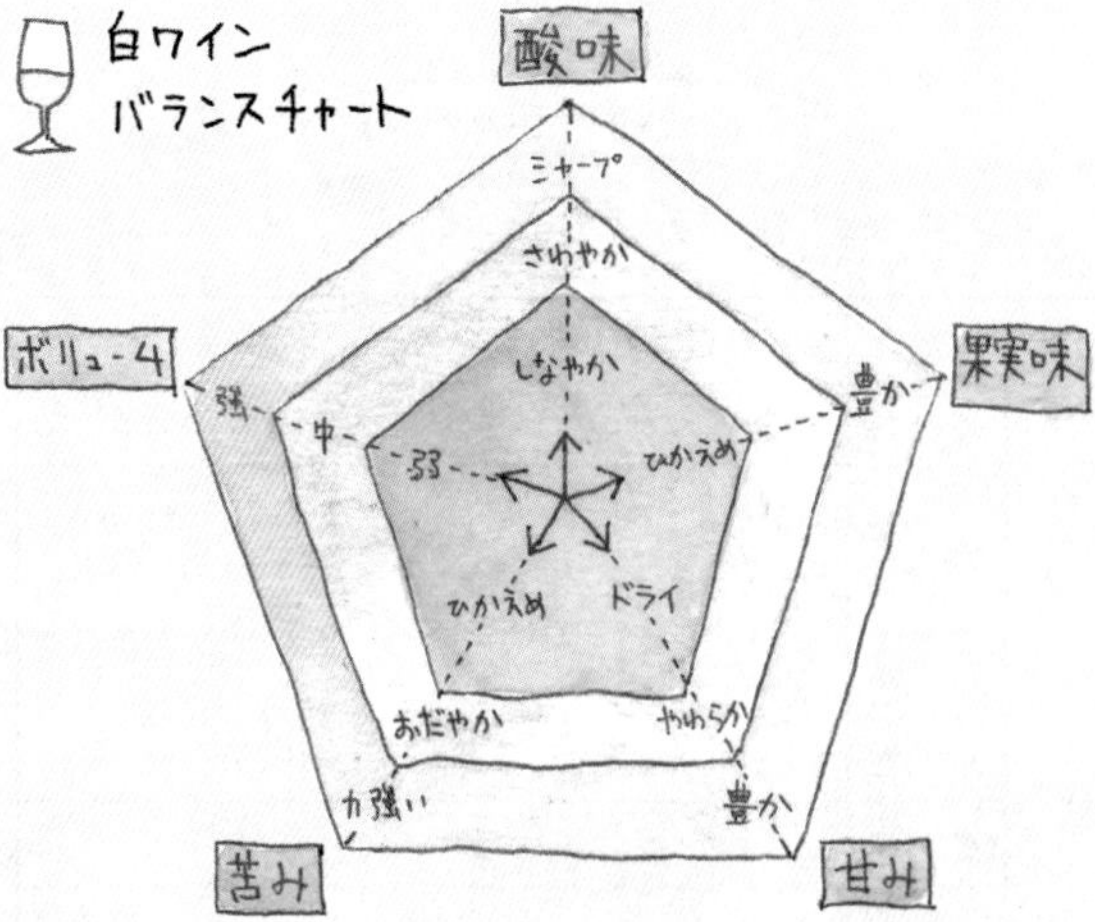


と酸味のバランスが取れていると、しなやかで芳醇なワインだと感じます。赤ワインの場合は、甘味とタンニン、そして酸味のバランスが重要になります。

**アタック**　強い⇔弱い

**酸味**　シャープな⇔まろやかな

**甘味**　豊かな・やわらかな・ドライ

**渋味**　収斂性《しゅうれんせい》のある⇔優しい

**コク**　ボリュームのある⇔ひかえめ

**バランス**　調和のとれた⇔コンパクトな

**余韻**　長い9秒以上⇔短め3～4秒

テイスティング チェックシート

# 赤ワイン

| | | |
|---|---|---|
| 外観 | 清澄度 | 澄んだ⟺濁った |
| | 輝き | クリスタルのような・輝きがある・中程度・モヤがかった |
| | 色調 | 紫がかった・ルビー・オレンジ・ガーネット・レンガ・マホガニー・黒みを帯びた |
| | 濃淡 | 淡い⟺濃い |
| | 粘性 | さらっとした・中程度・豊か・ねっとりした |
| 香り | 豊かさ | ひかえめ・しっかり・力強い |
| | 特徴 | イチゴ・ラズベリー・ブルーベリー・ブラックチェリー・カシス・さくらんぼ・ざくろ・干しプラム・イチジク・バラ・すみれ・牡丹・ゼラニウム・ローリエ・杉・メントール・タバコ・紅茶・キノコ・トリュフ・肉・なめし皮・燻製・ジビエ・コーヒー・カカオ・バニラ・クローブ・シナモン・カンゾウ・ナツメグ・カラメル・アーモンド・鉛筆・インク |
| 味わい | アタック | 爽やか・心地よい・豊か・インパクトのある |
| | 酸味 | シャープな・なめらか・まろやか |
| | 甘味 | ドライ・やわらか・まろやか・豊か・ねっとりとした |
| | タンニン | 軽い・優しい・ビロード・シルキー・収斂性のある |
| | コク | 水のような・スリム・ふくよか・重厚な |
| | バランス | コンパクトな⟺調和の取れた |
| | 余韻 | 短め⟺長い |

## テイスティング チェックシート

# 白ワイン

| | | |
|---|---|---|
| 外観 | 清澄度 | 澄んだ ⟺ 濁った |
| | 輝き | クリスタルのような・輝きがある・中程度・モヤがかった |
| | 色調 | グリーンがかった・イエロー・黄金色・琥珀色 |
| | 濃淡 | 淡い ⟺ 濃い |
| | 粘性 | さらっとした・中程度・豊か・ねっとりした |
| 香り | 豊かさ | ひかえめ・しっかり・力強い |
| | 特徴 | レモン・グレープフルーツ・リンゴ・洋ナシ・桃・アプリコット・メロン・パイナップル・パッションフルーツ・バナナ・マンゴー・ライチ・アーモンド・ヘーゼルナッツ・クルミ・マスカット・すいかずら(白い花)・菩提樹・白バラ・アカシア・ハチミツ・タバコ・トースト・カラメル・石灰・火打石・バニラ・白コショウ・コリアンダー・クローブ・ナツメグ・タイム・ローズマリー・バター・石油 |
| 味わい | アタック | 爽やか・心地よい・豊か・インパクトのある |
| | 酸味 | シャープな・なめらか・まろやか |
| | 甘味 | ドライ・やわらか・まろやか・豊か・ねっとりとした |
| | 苦味 | ひかえめ・穏やか・力強い・突出した |
| | コク | 水のような・スリム・ふくよか・重厚な |
| | バランス | コンパクトな ⟺ 調和の取れた |
| | 余韻 | 短め ⟺ 長い |

外観

# ワインの見た目は情報の宝庫

ワインの見た目でチェックすべきポイントは、主に以下の3点です。

**清澄度**《せいちょう》…ワインが澄んでいるのか、濁っているのか。
醸造法によっては濁っているワインもある。

**輝き**…輝きがあるか、モヤがかっているか。

**濃淡**…ワインの色が濃いのか、薄いのか。
熟成度合いや産地の気候、品種の違いなどで変化する。

## ワインの見た目チェックポイント

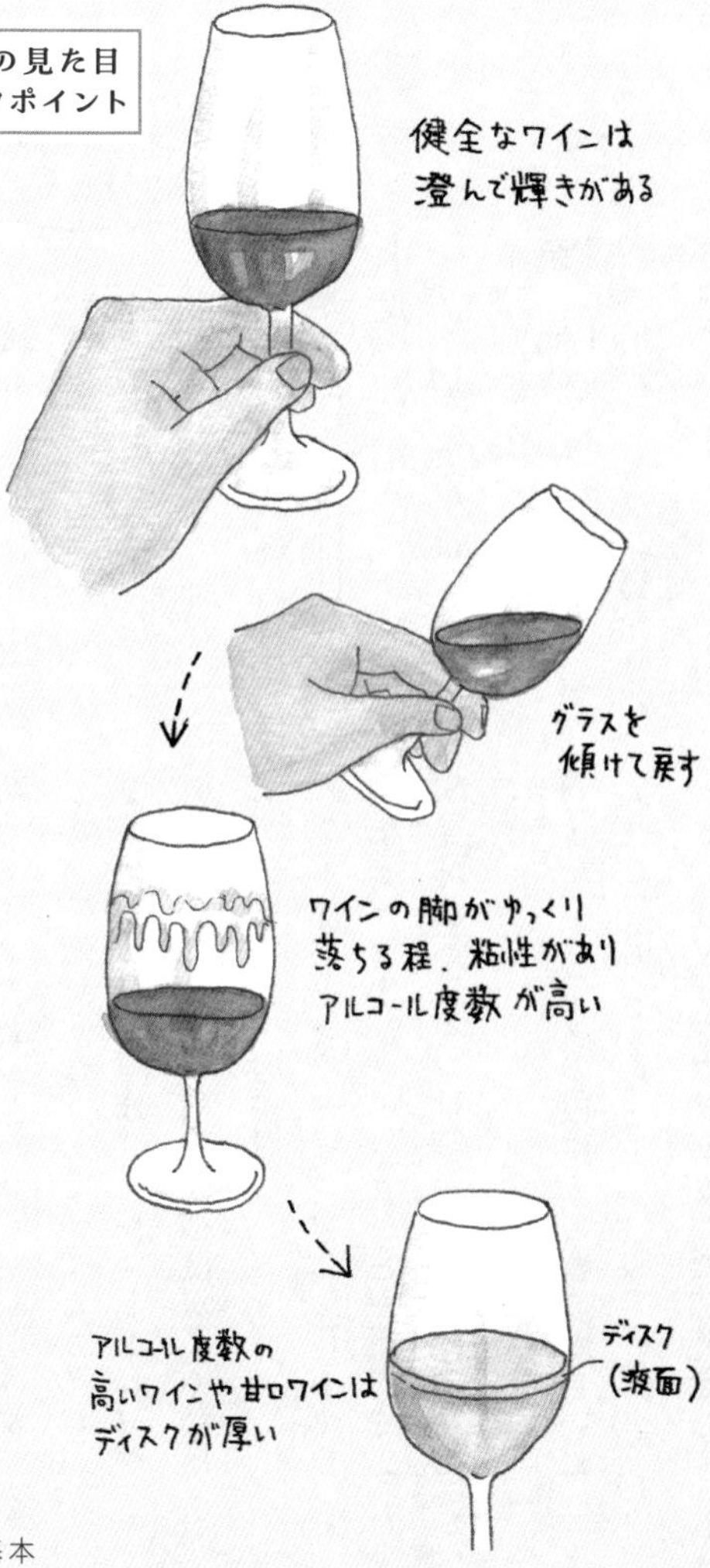
健全なワインは
澄んで輝きがある
グラスを
傾けて戻す
ワインの脚がゆっくり
落ちる程、粘性があり
アルコール度数が高い
アルコール度数の
高いワインや甘口ワインは
ディスクが厚い
ディスク
(液面)

スパークリングワインは
泡に注目
瓶内二次発酵の
スパークリングワインは
パンやブリオッシュの
ようなイースト香がある
シャンパーニュなど
瓶内二次発酵を施したものは
泡がきめ細かく持続性がある。

ワインを注いだグラスを軽く回すと、グラスの内側にワインの滴が付いて流れ落ちます。これを「ワインの脚」「ワインの涙」といいます。これでわかるのは、**ワインの粘度と糖分。**アルコール度数や糖度の高いワインほど、粘度が高く滴はゆっくりと流れ落ちます。

スパークリングワインでは、泡立ちを見ます。シャンパーニュなど、瓶内で二次発酵するワインは細かい泡の粒が特徴です。

また、ワインの色はその熟成度合いによって変化します。

若い赤ワインは紫がかった赤色をして

**産地による色の違い**

いますが、熟成が進むにつれて、**「赤↓ガーネット（赤茶色）↓レンガ色」**と移り変わります。濃淡は濃い色調から徐々に淡い色調に、変わっていくのが一般的です。

一方、白ワインは初めは緑がかった黄色ですが、熟成が進むことで**「黄色↓黄金色↓黄褐色」**と変化します。濃淡は赤ワインとは逆で、黄色が濃くなるのがポイントです。

ちなみに、一般的に温暖な地域で造られたワインは日射量が多く、色合いも凝縮され、アルコール度数も高くなります。

逆に冷涼な地域のワインは、淡い色調

になりアルコール度数も低めです。

産地だけでなく、ブドウの品種によっても、ワインの濃淡は変化します。赤ワインは果皮と果汁を一緒に発酵させるため、品種の違いが出やすくなるのです。果皮の厚い品種や粒が小さな品種は濃い色になり、果皮の薄い品種は淡い色合いになります。

グラスを傾けて、フチまでのワインのグラデーションや色の密度などを見ると、違いがわかりやすいでしょう。

一方、**白ワインは圧搾した果汁のみを発酵させるため、果皮が赤い品種以外は品種による色の違いを探すのは困難です。**

ただ、特徴を挙げるとすると、製造過程による違いがあります。

ステンレスタンクで発酵したものは、透明感のある緑がかった黄色が多く、一方、樽発酵のワインや圧搾した後に果汁に果皮を一定期間浸す「スキンコンタクト」のワインは熟成とともにゴールドやオレンジといった色が付きます。

## ブドウの品種による色の違い

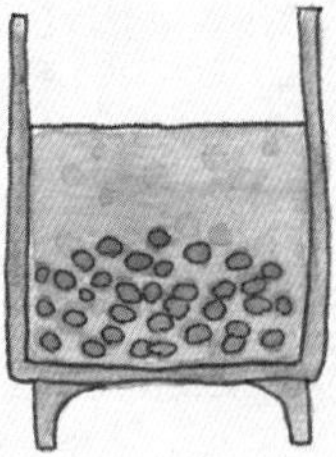

赤ワイン

果皮ごと そのまま発酵するので
品種の色や 果皮の厚み、粒の大きさ
など ワインの色に影響する

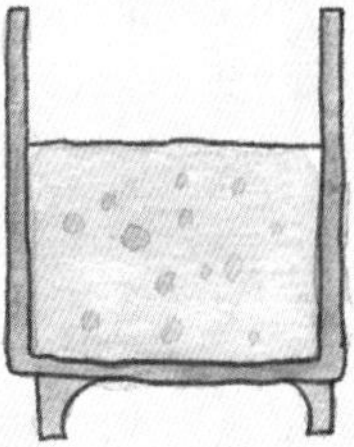

白ワイン

圧搾後に 発酵するので
品種による違いは少ない

グラス

# ワイングラスが味や香りを変える

ワインは、使うグラスによって香りや味わいが大きく変化する飲み物です。そのため、ワインに興味を持ったら、ぜひ揃えてもらいたいものの1つがワイングラスです。

ワインの色を見るために無色透明で、柄や凹凸のないシンプルなものがオススメ。さらに、香りを逃さないよう上がすぼまったチューリップ型が理想です。飲み口のガラスが薄ければ薄い程ワインが滑らかに口中に流れるので、おいしく感じます。

グラスには様々な種類があり、赤ワイン・白ワイン・スパークリングワイン・シェリー酒などの酒精強化ワイン・糖度の高いデザートワインなど、飲むワインによってそれぞれ専用のグラスがある程です。メーカーによっては、品種や産地別のグラスがあるものも……。

## 赤ワイン用グラス

## 白ワイン用グラス

とはいえ、いくらワインが好きでも、自宅ですべてを揃えるのはあまり現実的ではありません。まず初めにどれを買おうか迷ったら、ひとまず前述の脚付きチューリップ型グラスがあると、いろいろなワインに対応できて使い勝手がいいでしょう。

では、それぞれのワインに適したグラスとはどういうものなのでしょうか。

ボルドーやブルゴーニュといった**熟成型の赤ワインは、大きなボウル型のグラスが定番です。**注ぐとグラスの中でワインが空気に触れて香りが開いてくるので、その変化を楽しめます。

冷やして飲む**白ワインは、冷たいうちに飲めるように、少し小ぶりなグラス**がいいでしょう。また、スパークリングワインは泡立ちが見えるような細長いフルート型が見栄えもよくオススメです。よくパーティーなどで使われる底浅で口の広いクープグラスは見た目は華やかですが、せっかくの香りが逃げてしまうので、ワインには適しません。ちなみに、アルコール度数の高い酒精強化ワイン（シェリーなど）では、小さなグラスが使われることが多いです。

また、最近では脚の付いていないタンブラー型のグラスもよく目にします。デイリーワインをよりカジュアルに楽しむのに最適です。スタイリッシュなシルエットに加え、倒れにくく割れにくいので、小さな子供がいるご家庭でも気軽に使いやすいでしょう。

ワイングラスには、様々なブランドがあります。私が特にオススメしたいのがオーストリアの**名門「リーデル」**。ワインラバー憧れのブランドで、同じワインでも形の違うグラスで飲むことによって香りや味わいの印象が変わるという点に

ドイツの
ショット・ツヴィーゼル
スタイリッシュで
耐久性にすぐれている
繊細で
美しい
ワイングラス
オーストリアのリーデル

着目し、ブドウの品種ごとに理想的な形状のグラスを開発したことで知られています。

**ドイツの「ショット・ツヴィーゼル」**は、衝撃やキズに強いのが特徴。ホテルや航空会社といった業務用途としても数多く採用されているブランドで、上品でシンプルなデザインが使うシーンや場所を選ばない点も幅広く支持される理由です。

どちらもマシンメイドのグラスと、職人が作るハンドメイドのグラスがあります。

美しいグラスは使うだけで優雅な気

持ちになるので、ワインを楽しむときにはぜひいろいろなグラスを試してもらいたいのですが、脚付きで薄いガラスは、洗っている最中にうっかりぶつけて欠けてしまうなど、破損が付きもの。そこで普段おうちで使う用としてオススメなのが、国際規格のテイスティンググラスです。

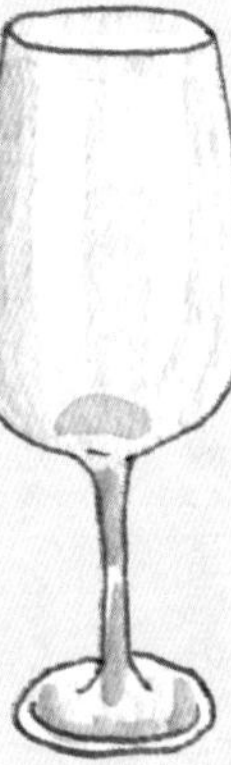

スクールや試験で使われる
INAOグラス

**「INAOグラス」**ともよばれ、フランスの国立原産地名称研究所（Institut National des Appellations d'Origine）が認定しています。ワインスクールやソムリエ試験でも採用されており、色・香り・味わいの特徴を掴むために最適化されたグラスです。

同じ規格のグラスが世界中で推奨されている上、グラス自体は安価なので、おうちで気軽に使えます。

ボトル

# ワインに最適なボトルのカタチ

ワインボトルの形は産地によって、それぞれに特徴があります。代表的なのは、いかり肩のボルドー型。フランスのボルドー地方で使用されている主要品種であるカベルネ・ソーヴィニヨンやメルローで造られたワインは、世界中でこのボルドー型のボトルが使われています。

一方、なで肩のボトルはブルゴーニュ型。ブルゴーニュ地方で使用されている品種のピノ・ノワールやシャルドネで造られたワインは、ほとんどの場合このブルゴーニュ型のボトルと覚えておくとよいでしょう。

ワインは光に弱い性質があり、**赤ワインのボトルは深緑色、白ワインは熟成型のものや地域によって薄緑や茶色のボトル**が使われています。

透明なボトルのワインは、フレッシュなうちに飲むタイプのものです。

ブルゴーニュ型
なで肩
2007
Bourgogne
VIEILLES VIGNES
ボルドー型
いかり肩
chateau
BORDEAUX
2006
ライン・モーゼル型
MOSEL
2016
RIESLING
多少のデザインの違いはあります。
内圧に耐えるよう厚手の瓶
シャンパーニュ型
Champagne
BRUT
ボックスボイテル
ドイツのフランケン
Franken
2017
デザートワイン
貴腐やアイスワインなど
350mlや500mlサイズ
2013

ボトルサイズごとにフルボトルは750mlで、ハーフボトルは半分の375mlというのはご存知かもしれませんが、それぞれのボトルにはサイズごとに異なる名称があります。

この名称は、ボルドー地方とシャンパーニュ地方でも、ジェロボアムとドゥブル・マグナム（いずれも3ℓボトル）といったように、よび名が異なるのが面白いところです。

また、**大きなボトルになればなるほどお買い得になるのかと思われるかもしれませんが、ワインの場合は逆**です。

一般的に大きなボトルの方が希少性が高く、高額。大きなボトルは液体量に対し空気に触れる割合が小さくなるので、普通のサイズのボトルに比べてゆっくりと成熟し、よりおいしくなるのです。

ただ、それはボルドーのような熟成型ワインの話で、テーブルワインなどに多いマグナムサイズ（1・5ℓ）は、コストパフォーマンスが高いものです。

# ボトルサイズと名称

## ボルドー Bordeaux

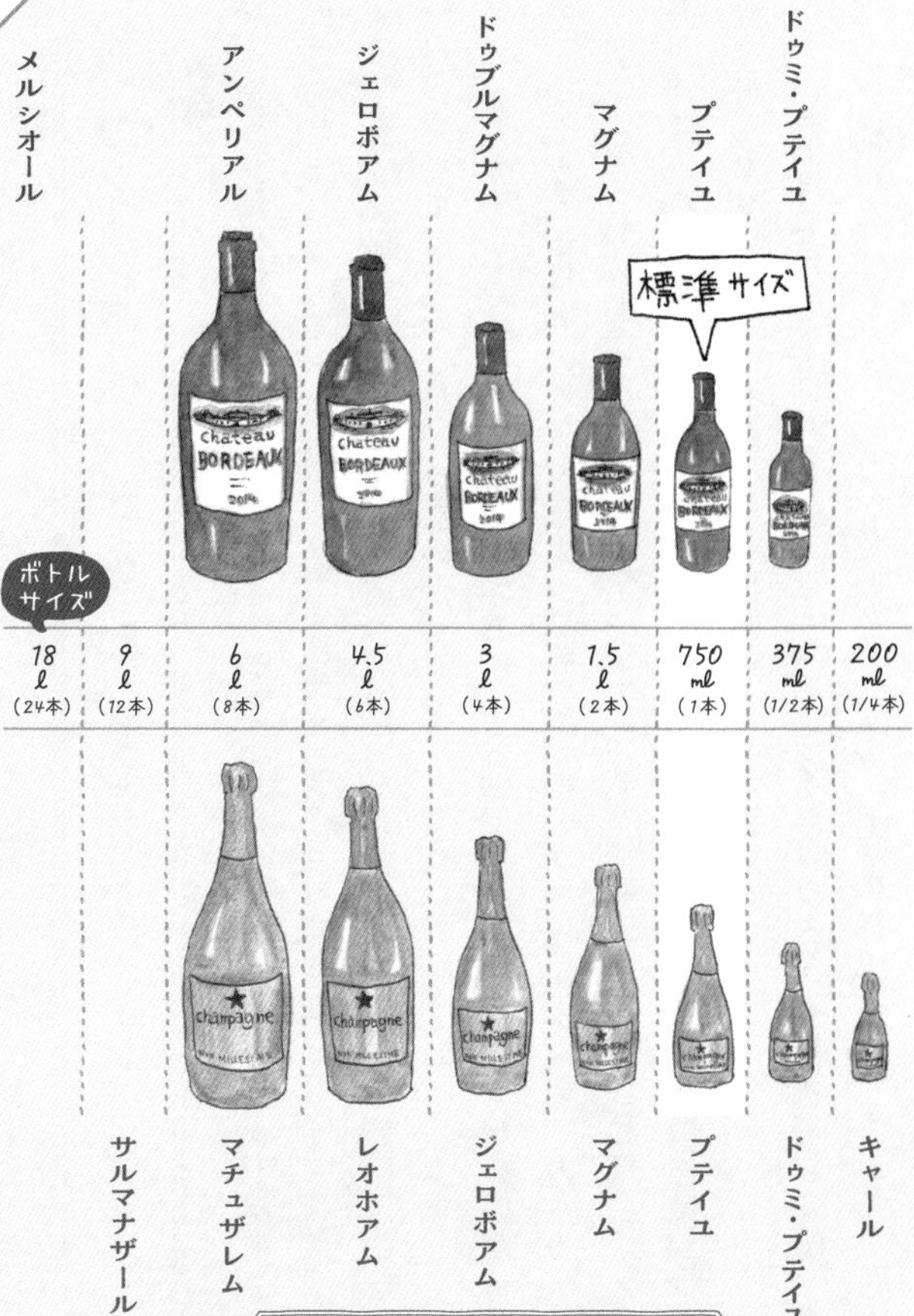


## シャンパーニュ Champague

ラベル

# ワインラベルからわかること

ワイン売り場に行くと様々なデザインのラベルが並んでいて、ワクワクします。ラベルは「エチケット」とも呼ばれ、産地や生産された年などワインに関する様々な情報が記載されています。

ラベルを見て、どんなワインなのかがわかると嬉しいですよね。

アメリカやチリといった**「新世界」のワインは、ラベルもシンプルなのが特徴です。**そもそも新世界のワインは単一品種（原料のブドウが1種類）のものが多く、「カベルネ・ソーヴィニヨン」や「シャルドネ」などラベルに品種名が大きく書かれているので、味も想像しやすいかもしれません。ラベルの情報量が少ない分、どんなワインなのかが、すぐにわかるのが特徴です。

一方、「旧世界」とよばれるヨーロッパのワインはラベルも複雑です。国や産地ごとに様々な決まりごとがあり、使われるブドウの品種も限定されているの

## 旧世界のワインラベルは複雑

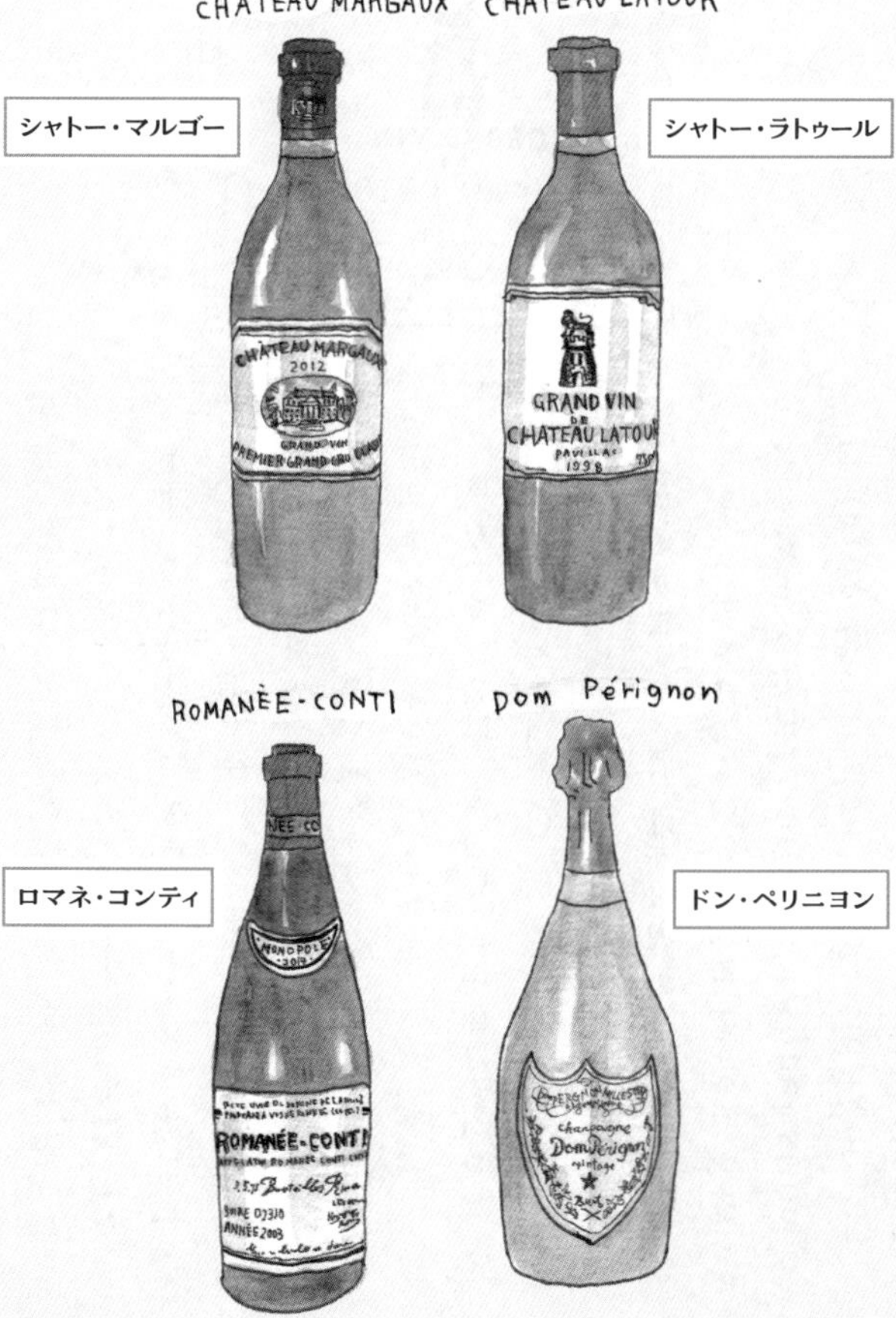
CHÂTEAU MARGAUX
CHATEAU LATOUR
シャトー・マルゴー
シャトー・ラトゥール
CHÂTEAU MARGAUX
2012
GRAND VIN
CHATEAU LATOUR
1998
ROMANÈE-CONTI
Dom Pérignon
ロマネ・コンティ
ドン・ペリニヨン
ROMANÉE-CONTI
ANNÉE 2003
Champagne
Dom Pérignon

**旧世界のラベル（例：ボルドーワイン）**

で、そもそも品種が記載されていないことがほとんどです。フランスのボルドー地方では、【シャトー・ラトゥール】や【シャトー・マルゴー】など、醸造元（造り手）の名前がワイン名になっていることが多い一方、ブルゴーニュ地方は【ロマネ・コンティ】や【シャブリ】など産地名、畑名がワイン名になっています。

またフランスは「AOC」（現在はAOP）、イタリアには「DOCG」など、一定の条件を満たしたワインだけが名乗れるワイン法の品質表示があります。これは新世界の国々にもありますが、フランスのAOCの場合「アペラシオン・ドリジーヌ・コントローレ（Appellation d'Origine Controlee）」の真ん中「ドリジーヌ

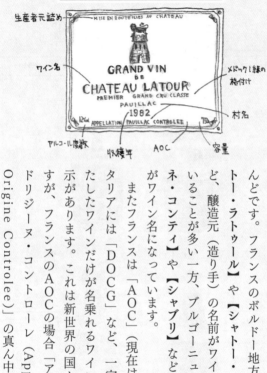

(d' Origine)」の部分に地域名が入ります。そのエリアで収穫されたブドウを使ったワインということを表し、**範囲が狭くなればなるほど高級なワイン**ということになるのです。

　ドイツワインの格付け最上級ランクである「QmP」はブドウの糖度（エクスレ度）で格付けされており、糖度が高ければ高い程格上。辛口のワインは「トロッケン（Trocken）」、中辛口は「ハルプトロッケン（Halbtrocken）」といった具合に表記されており、ラベルを見ればそのワインの味わいがわかる面白い例です。

　ラベルの表記は国によって様々なので、ワインショップなどで見比べてみると面白いかもしれませんね。

**新世界のラベル（例：カリフォルニアワイン）**

Column

# ワインラベルのジャケ買いはアリ?

私が以前、ドイツワインの会社で働いていた頃に、とあるワインラベルのイラストを描かせてもらったことがありました。

ハートのモチーフで幸せなイメージからかプレゼント用などで人気があり、社長が第2弾として私のイラストを別のドイツワインの生産者に提案したところ、今度は断られてしまいました。

その生産者のワインは本当においしく、ラベルはワインの顔だから何でもいいわけではないとの姿勢だったと思います。

正直、当時はガッカリしましたが、ワインに対する責任と愛情を感じ、その方の造るワインがもっと好きになりました。

そんなエピソードからラベルは生産者が愛情を込めて作るワインの顔であり、素敵なデザインのワインはおいしいかもしれない……と、それ以降はジャケ買いも悪くないと思っています。

白
赤
2001
Riesling
Pfalz
2001
ハートのイラストを描きました。バレンタインやウェディングギフトにも利用していただき嬉しかったです♥

コルク

# 熟成を助けるコルクの役割

コルク樫《がし》の樹皮をはいで、加工したものがコルクです。弾力性があり、水に強くほとんど空気を通さないので、ワインの長期保存に適しています。**高級ワインほど長期熟成させるため、コルクは長くなるものです。**

コルク栓は天然素材であるため、細菌汚染されていることがあり、塩素消毒で化学反応を起こしてコルク臭（ブショネ）の原因となることがごく稀にあります。レストランなどで行うテイスティングは、このコルク臭や劣化がないか、健全なワインなのかを確認するために行う作業です。

コルク栓以外では、コルクのチップを固めた圧縮コルク栓や、シリコンなどで作られた合成栓、最近ではスクリューキャップもよく使われています。これらはコルク臭のリスクがなく、コストが抑えられるのが大きなメリットです。

特にスクリューキャップは、空気を通さず乾燥を気にする必要がない上に、オープナーがなくても簡単に開けられるため、現在世界中のワインで採用されるようになっています。

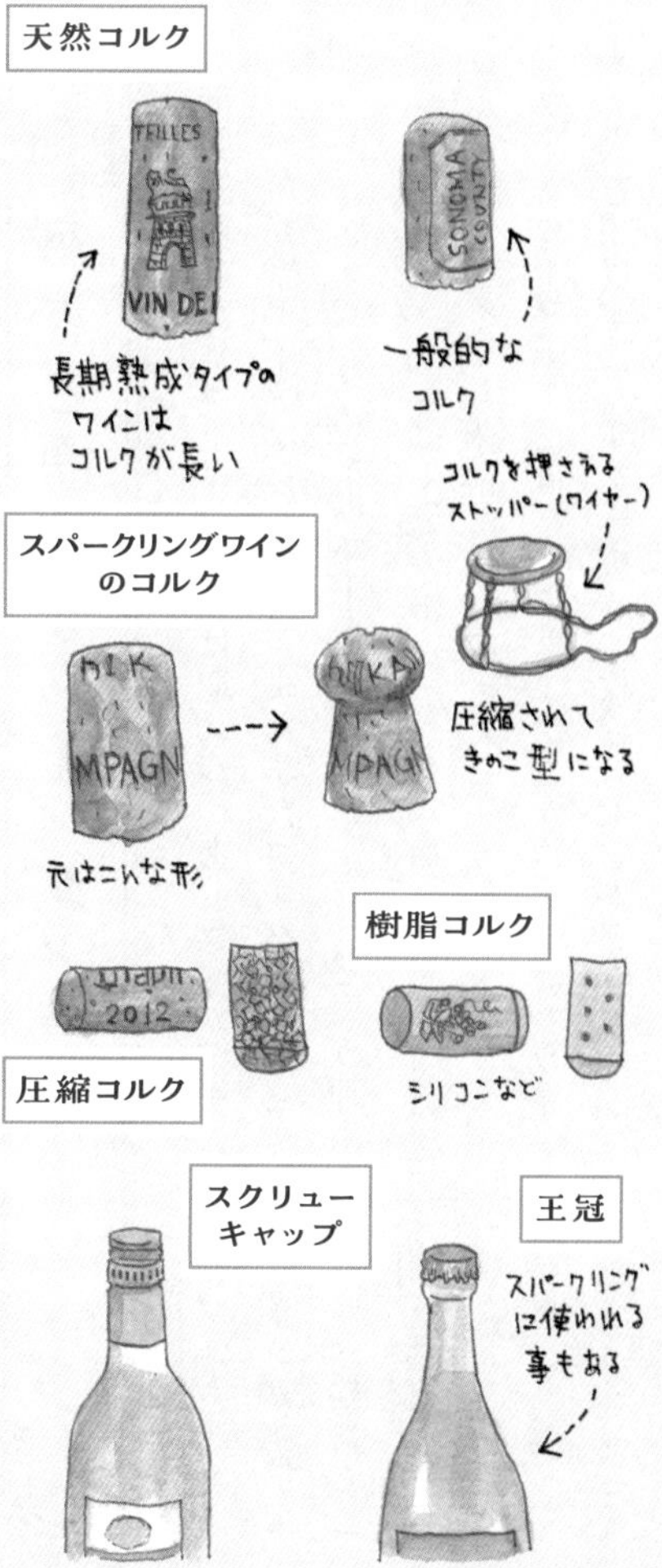

アイテム

# あると便利なワイングッズ

世界的にスクリューキャップは増えつつありますが、ボルドーやブルゴーニュといった銘醸ワインはもちろん、まだまだコルク栓を使っているワインが主流です。とはいえ、「ワインはハードルが高い……」と思う理由が、コルク栓だとしたらとてももったいない話。使いやすいワインオープナーを1つ用意するだけで、コルク栓のワインも非常に手軽に扱えるようになります。

ワインオープナーには、T字型、ソムリエナイフ、ウイング式、スクリュープル、穴を開けずにコルクを抜く二枚刃式などがありますが、まずはざっくりとそれぞれの特徴を紹介しましょう。

ソムリエナイフは、コルクスクリューとキャップシールなどをはがすナイフが一体となったタイプのもの。レストランやワインバーなどでソムリエが開栓する姿は、儀式のような雰囲気があり、飲む前からワクワクさせてくれますね。

ソムリエナイフ

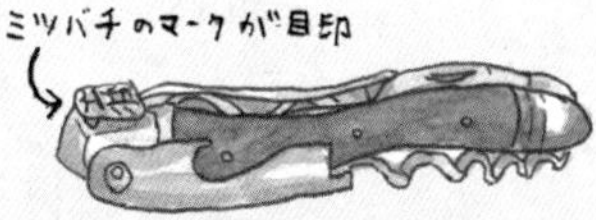


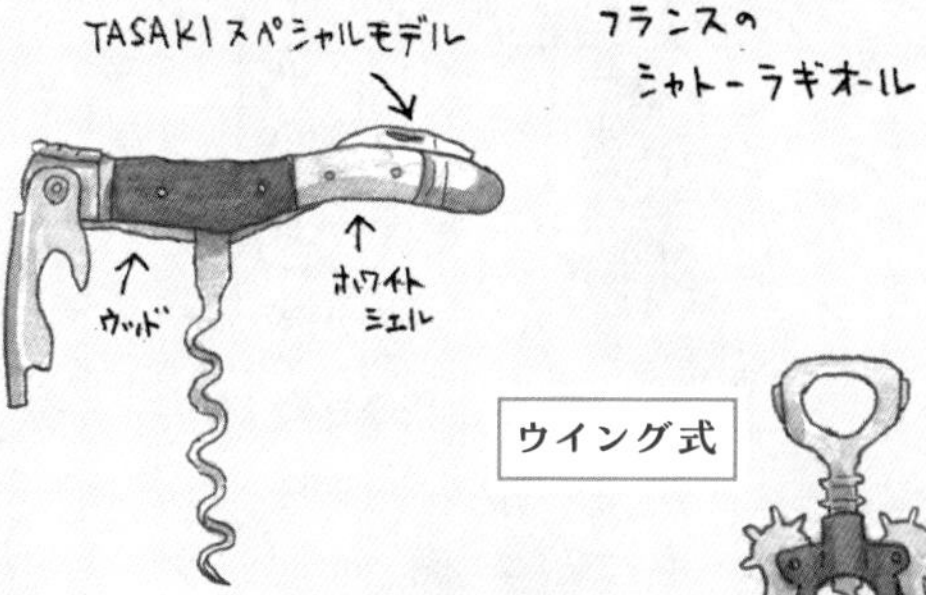


ウイング式

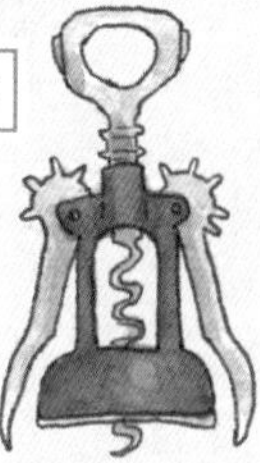

スクリュープル

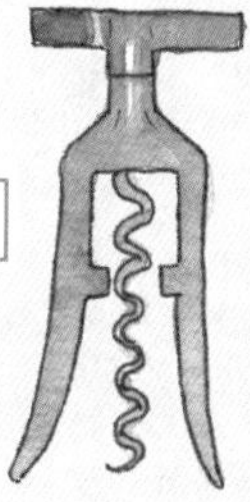

T字型

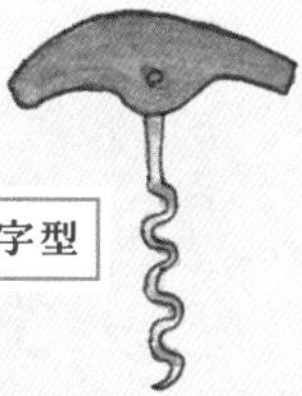

二枚刃式

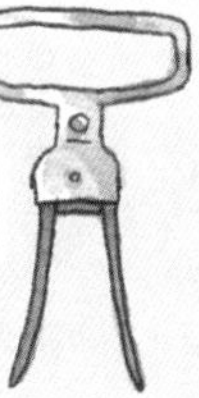

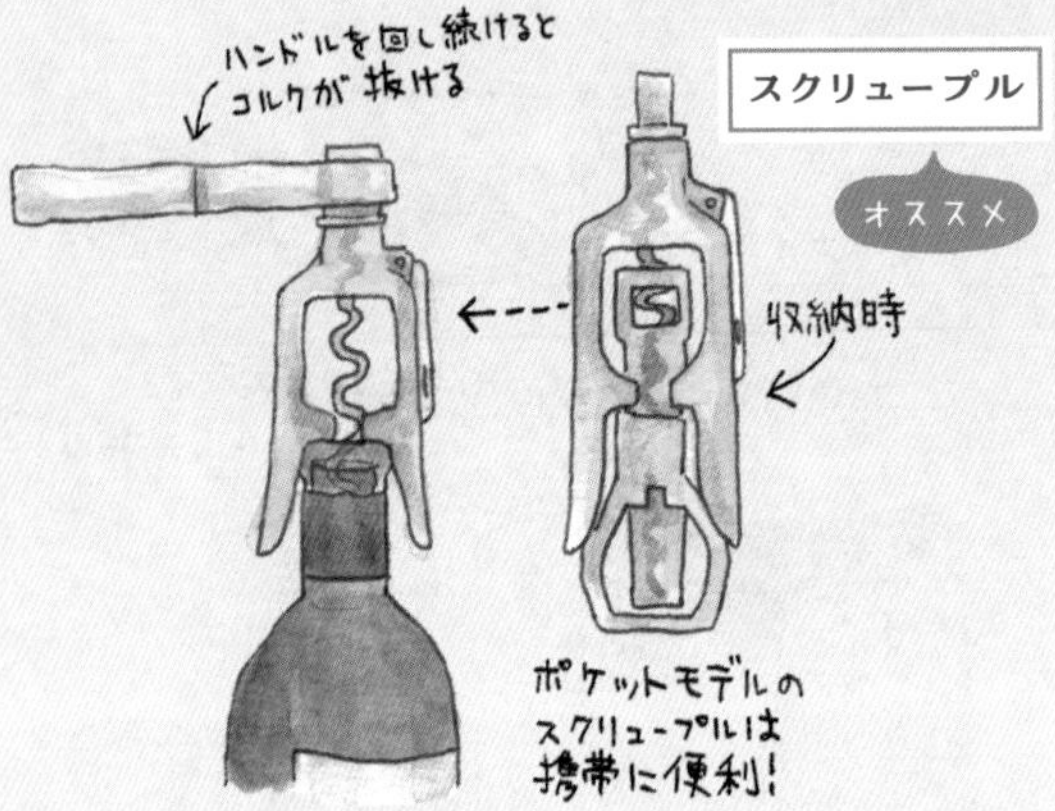
ハンドルを回し続けると
コルクが抜ける
スクリュープル
オススメ
収納時
ポケットモデルの
スクリュープルは
携帯に便利!

ソムリエナイフで有名なブランドは、フランスの「シャトーラギオール」。ハンドルの部分に、木や水牛の角などが使われており工芸品のような佇まいです。とはいえ、ソムリエナイフは上手く扱うのにコツがいるため、あまり初心者向きではありません。

**簡単に開栓できてオススメなのは、スクリュープル。**キャップシールを外したら、コルクスクリューを刺し込んで上部の取っ手をクルクル回すだけで開栓できます。私は20年前にドイツの蔵元が使っているのを見て現地で購入し、今でもそれが我が家では現役です。

グラスやオープナーを揃えたら、次に気になるのはワインクーラーやデカンタでしょう。ワ

インクーラーは、白ワインやスパークリングワインを冷やすときに使うものですが、テーブルにあるだけで〝それっぽい〟雰囲気になるアイテムでもあります。スチール製やプラスチック製のワインクーラーは、おうちでも扱いやすくてオススメです。

デカンタは、瓶内に澱《おり》が沈殿している年代モノの赤ワインなどを、澱を残して移し替えるために使われる容器です。また、ボトルから移し替える際にワインを空気に触れさせることで、**〝閉じているワイン〟の香りを引き出し、まろやかな味わいにする役割もあるアイテム。**

こうしたグッズを揃えれば一気にワイン通っぽくなりますね。

## ソムリエナイフの使い方

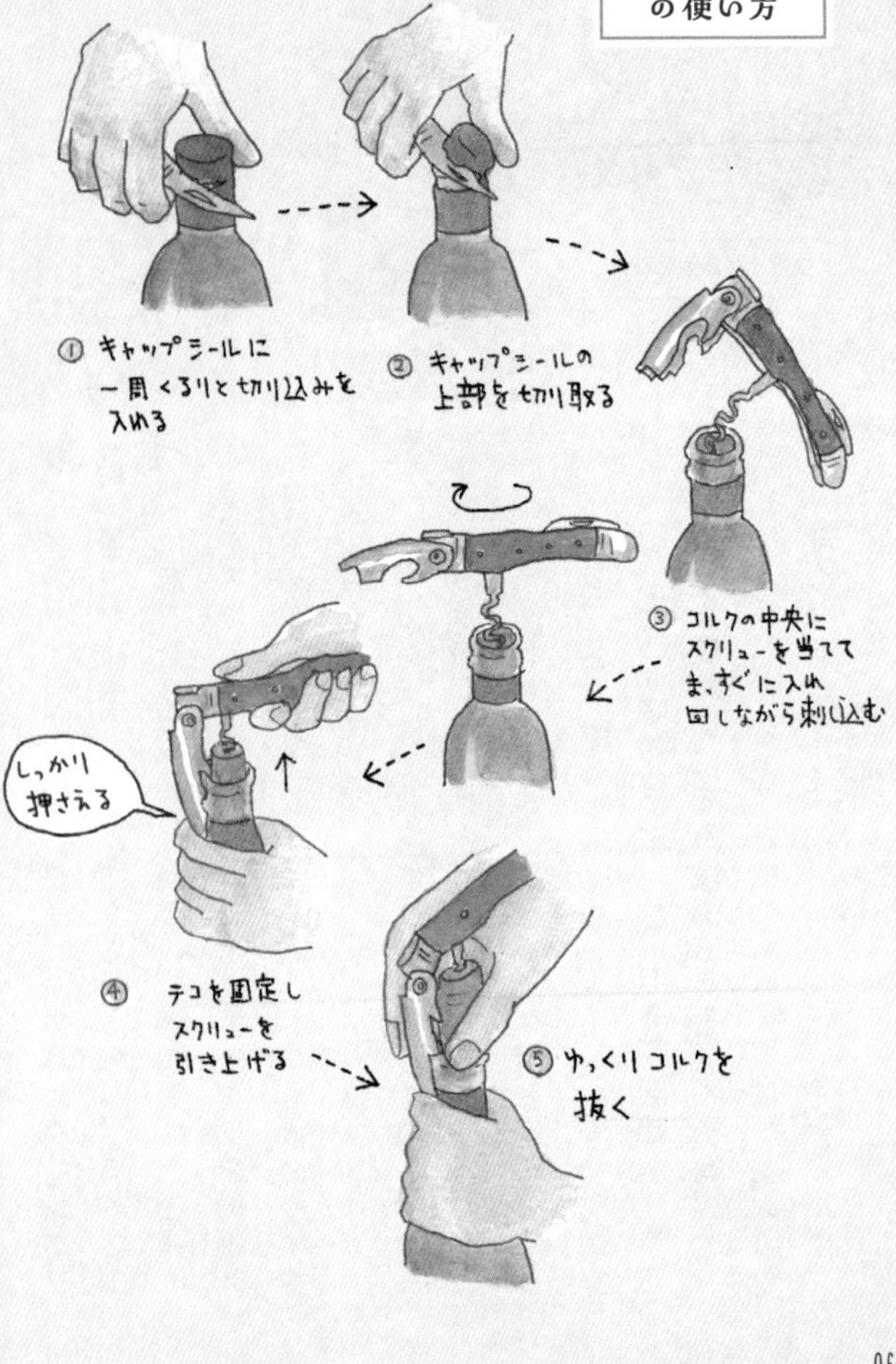
① キャップシールに一周くるりと切り込みを入れる
② キャップシールの上部を切り取る
③ コルクの中央にスクリューを当ててまっすぐに入れ回しながら刺し込む
しっかり押さえる
④ テコを固定しスクリューを引き上げる
⑤ ゆっくりコルクを抜く

Column

# コルクが途中で割れてしまったら

使い慣れないオープナーの場合、開栓している最中でコルクが割れてしまうこともあります。そんなときは、ソムリエナイフやＴ字オープナーのコルクスクリューを割れた箇所にそっと刺して回し、ゆっくりと引き抜きましょう。それでも取れない場合は、残ったコルクを瓶の中にゆっくり押し込み、ボトルの中に落としてしまう方法もあります。その場合は、コルク屑《くず》が入らないようにデカンタなどにワインを移しましょう。コーヒーフィルターや茶こしを使うと、細かい屑も取り除けます。

コルクが折れたら
もしくは
スクリューを刺して引き抜く
ワイン瓶の中に落とす

保存

# ワインをおいしく保存する方法

ワインに適した環境とは、どんなものなのでしょう。それは、ワイナリーの地下室を思い浮かべるとわかりやすいかもしれません。

暗くて湿度が高く、匂いや振動がなく、温度変化のない涼しい場所です。普段飲むようなデイリーワインであればそこまで気を使う必要はありませんが、ちょっといいワインを買ってみたら、ぜひこの条件を思い出して保管してみましょう。

「せっかく高級ワインが手に入ったのに、すぐに飲めない」というような場合は、床下や押し入れなど温度変化の少ない暗い場所で保存するのが基本です。ボトルを新聞紙に包み、箱に入れて寝かせた状態にするのがいいでしょう。

特に夏場は、室内でも気温が上がりやすいのでワインの劣化も進みやすい時期です。そうした時期は、冷蔵庫の野菜室など匂い移りの少ない場所で横に寝かせ

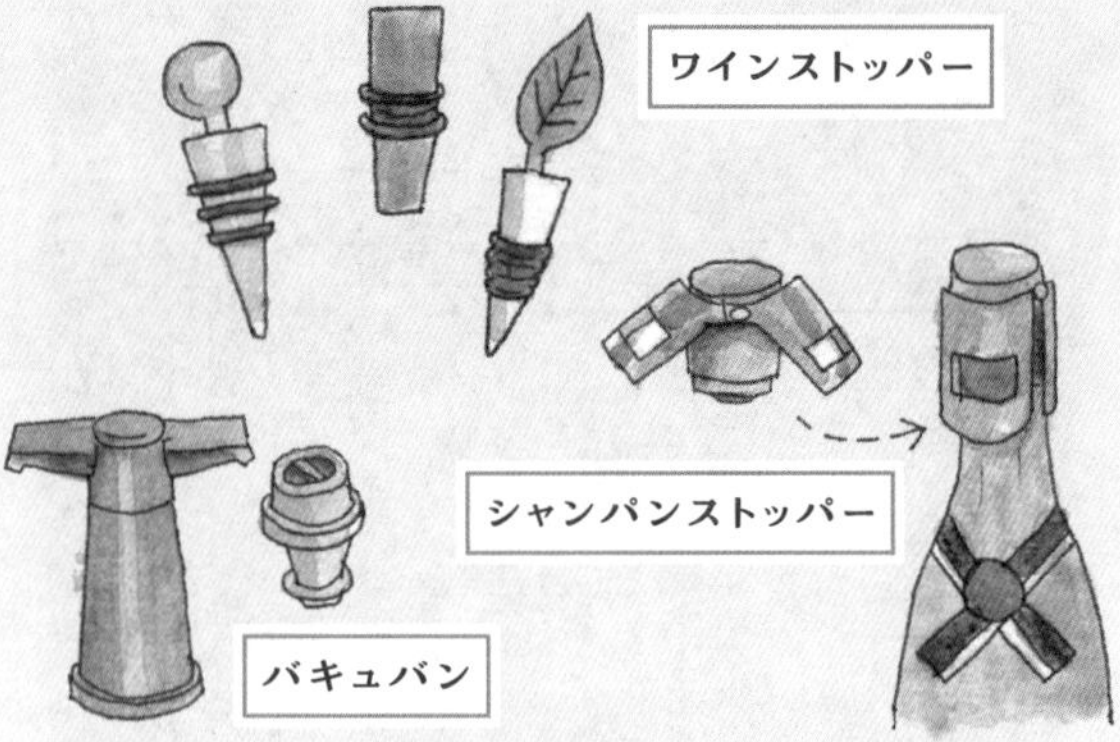


た状態で保存します。

それでも、猛暑の際はできる限り自宅での長期保存は避けるべきでしょう。

また飲み残したワインの保存にもポイントがあります。ワインは1度栓を抜いてしまうと、空気に触れて酸化が進みます。開けたその日のうちに飲み切るのが理想ですが、**数日間であればそのままでも問題ありません。**

若過ぎるワインは開栓した翌日の方がおいしい場合もありますし、熟成型の繊細なヴィンテージワインはゆるやかに味が落ち着いていくので、その過程も楽しめます。

残ったワインの瓶には栓をして冷蔵庫で保存しますが、抜栓したコルクが入らない場合

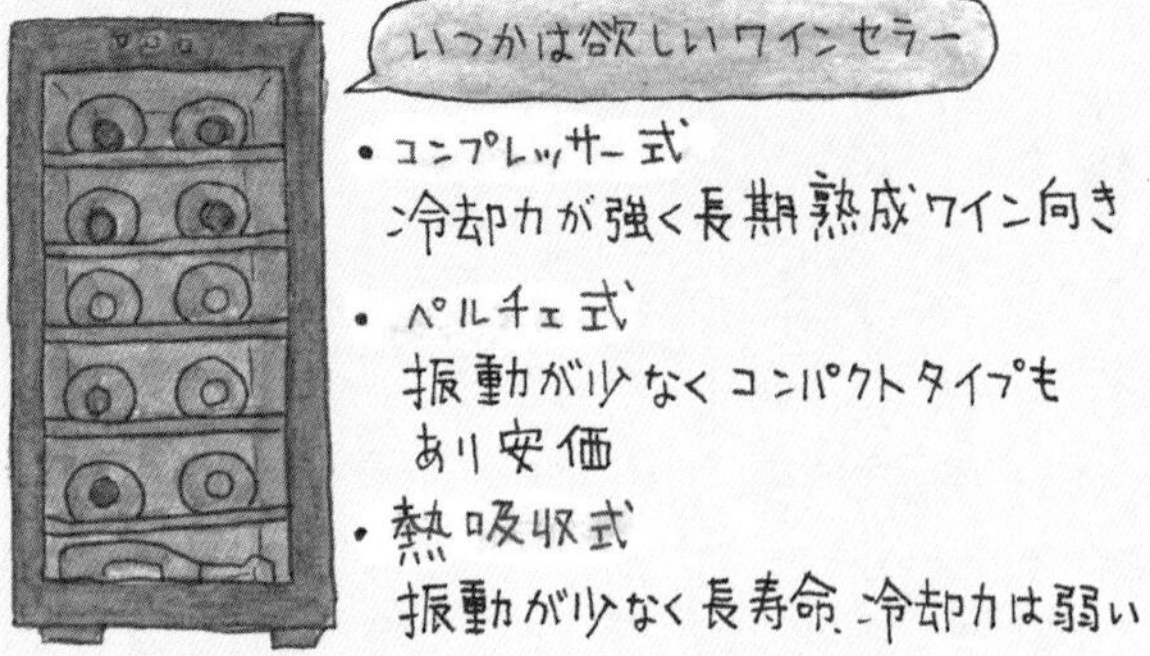
いつかは欲しいワインセラー
・コンプレッサー式
冷却力が強く長期熟成ワイン向き
・ペルチェ式
振動が少なくコンパクトタイプもあり安価
・熱吸収式
振動が少なく長寿命、冷却力は弱い

はワインストッパーなどを使いましょう。様々な種類がありますが、手動のポンプを使って瓶内の空気を抜いて栓ができる保存用アイテム「VACU VAN（バキュバン）」などが定番です。

また、個人的に重宝しているのが、シャンパンストッパー。スパークリングワインを飲み残すと、炭酸ガスが抜けてしまい翌日は飲めなくなってしまいますが、この栓を使うと炭酸ガスが抜けるのを防ぎ、開けたて程とはいかないものの、翌日もおいしく飲めるスグレモノです。

また、高級ワインが手に入ったら、ワインセラーで保存するのがベストです。値は張りますが、万全の品質管理ができるようになります。

温度

# ワインは少しひんやりが適温

ワインをおいしく飲むには、それぞれのワインについて飲み頃の温度を知っておくことが大切です。一般的に「赤は常温、白は冷やして」といわれていますが、この「赤は常温」とはヨーロッパの地下室などの温度（18℃前後）を指していることから、日本の常温、特に夏場は赤ワインにとって温度が高過ぎることがあります。冬なら暖房のない部屋にワインを置き、夏は冷蔵庫の野菜室などで冷やして、飲む前に出すとちょうどいい温度になるでしょう。

赤ワインは冷やし過ぎると渋味やタンニンが強くなるので注意。**軽めの赤なら14℃〜16℃、フルボディなど重めの赤なら16℃〜20℃ぐらい**がオススメです。

白ワインは酸味のあるフルーティーなタイプは、冷やした方がフレッシュな味わいになります。逆にコクのある重めの白ワインは、冷やし過ぎると味や香りが損なわれることも……。

**軽めの白は6℃〜11℃、重めの白なら12℃〜16℃ぐらいが適温でしょう。**

またスパークリングワインの場合は、ほかのワインに比べてやや温度を低めにしておくのがベターです。そうすることで、スパークリングワイン特有の爽やかな酸味をスッキリと感じられます。温度は6℃〜10℃が飲み頃です。

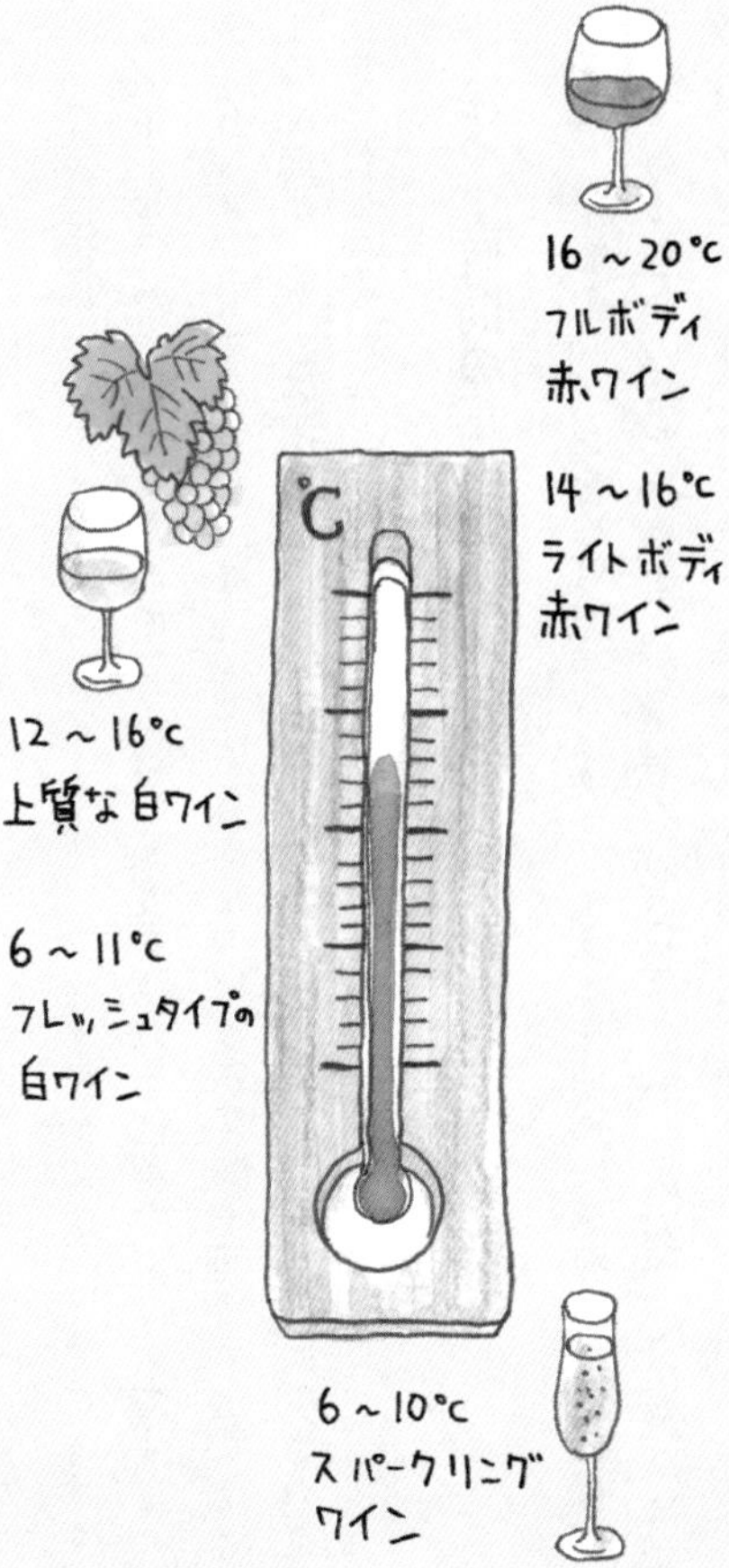

ワインの温度は「ワインサーモメーター」などを使ってチェックできます。ワインボトルに巻きつけるだけでワインの温度を測れる便利なグッズです。

ワインセラーなどを使っても意外と難しいワインの温度管理が、このアイテム1つで簡単にできる上、2000円～3000円で様々な種類が販売されているので、1つ持っていると重宝します。

## 冷やす時間の正解は？

では、常温のワインを冷蔵庫やワインクーラーを使って適温にするには、それぞれどのくらいの時間冷やす必要があるのでしょう。室内22℃で冷蔵庫は4℃、ワインクーラーは氷水で冷やした場合、時間が次の通りです。

**重めの赤ワイン（適温16℃～20℃）**

⇓冷蔵庫 約30分

**軽めの赤ワイン（適温14℃～16℃）**

⇓冷蔵庫 約45分

**重めの白ワイン（適温12℃〜16℃）**

⇓冷蔵庫 約1時間

⇓ワインクーラー 約10分

**軽めの白ワイン・ロゼワイン（適温6℃〜11℃）**

⇓冷蔵庫 約2時間

⇓ワインクーラー 約15分

**スパークリングワイン・デザートワイン（適温6℃〜10℃）**

⇓冷蔵庫 約3時間

⇓ワインクーラー 約25分

あくまで一例ですが、常温のワインをちょうどいい飲み頃の温度にする際に、大まかな目安にしてみてください。

夏場などの暑い時期は、少し長めに冷やしておくといいでしょう。

順番

# 軽いワインから重いワインへ

いろいろな種類のワインを楽しみたいという場合、どの順番に飲むべきか悩むことでしょう。ワインには、料理と同じようにおいしく飲むための順番があります。

**白から赤、軽いワインから重いワイン**が基本で、価格であれば**安いワインから高いワイン**が正解です。

これはカジュアルなワインより、高価なワインの方が香りや味が複雑なことが多いからなのですが、実際には飲んでみると「逆だったね！　お買い得！」と驚くような発見も多々あります。これもワインの面白いところです。

コース料理に、さっぱりした前菜からメイン料理↓デザートの流れがあるように、ワインも**「スパークリングワイン↓白ワイン↓赤ワイン↓デザートワインやアルコール度数の高い酒精強化ワイン」**の順番で飲むのが王道です。

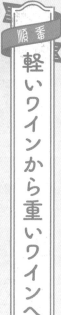

でも、お酒に強くない人は飲む順番を考えても、最後までたどり着けるか不安ですよね。そんなときは、一番最初に飲みたいワインを持ってきても問題ありません。

私はパーティーなどで最初にスパークリングワインが出たら、その次の白ワインはパスして赤ワインをいただくようにしています。

## 食材とワインを「色」で合わせる

せっかくのワインと料理を最後までしっかり楽しむためにも、自分の適量と出てくる料理を考えながら飲むワインを組み立ててみてはいかがでしょう。

飲む順番と同様に、料理との相性を考えるのもワインを楽しむ秘訣です。

**ワインと料理の相性がいいことを、結婚に例えて「マリアージュ」といいます。**

お互いを引き立て合い、どちらも1つだけでいただくよりも数倍おいしく感じられる最高の瞬間です。

昔から「肉は赤、魚は白」といいますが、実は魚でもマグロのような赤身には軽めの赤ワイン、タイのような白身には

料理とワインを「味の濃さ」で合わせる

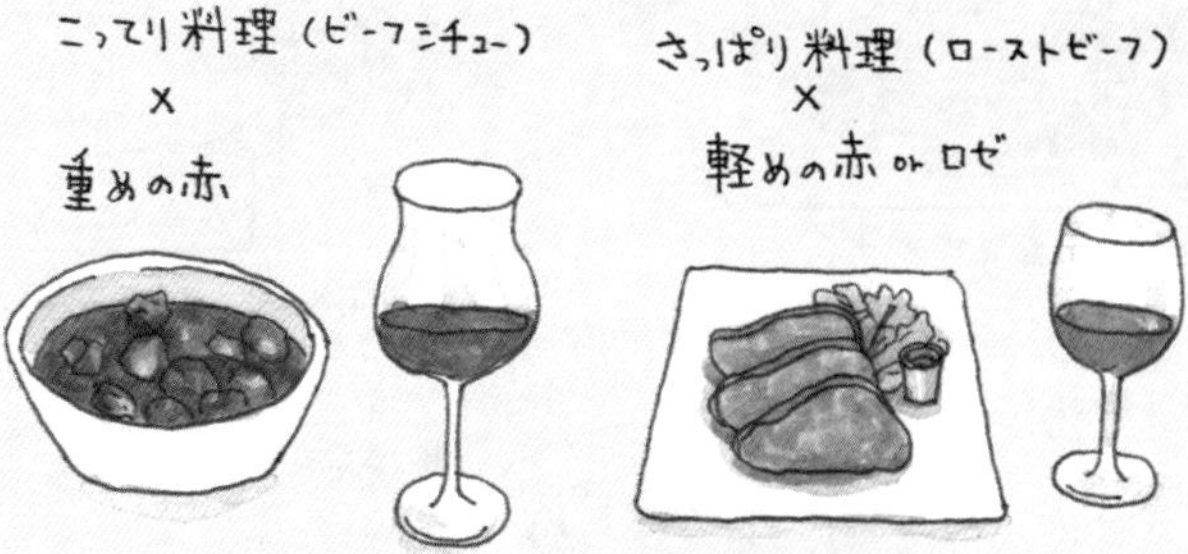


白ワインといった合わせ方もあり、そのパターンは様々なのです。思い込みにとらわれずに料理と合わせてみると、より楽しみがより広がりますよ。

**色**…赤身の魚には軽めの赤ワイン、白身には辛口白ワイン。

**味**…さっぱりした料理には軽めの赤かロゼワイン、こってりした料理には重めの赤ワイン。

**温度**…冷たい料理には軽めのワイン、温かい料理には重めのワイン。

**産地**…ワイン産地とその郷土料理を合わせる。

**対極**…真逆のタイプを合わせることで、驚きと発見を楽しむ。ブルーチーズと甘口ワインなど。

**補完**…料理に足りないものをワインで補う合わせ方。肉料理にはコショウの香りがするスパイシーな赤ワイン、魚料理に柑橘系のフレッシュな白ワインなど。

## ワイン産地とその郷土料理
## 代表的な組み合わせ

ソムリエ試験にも出る

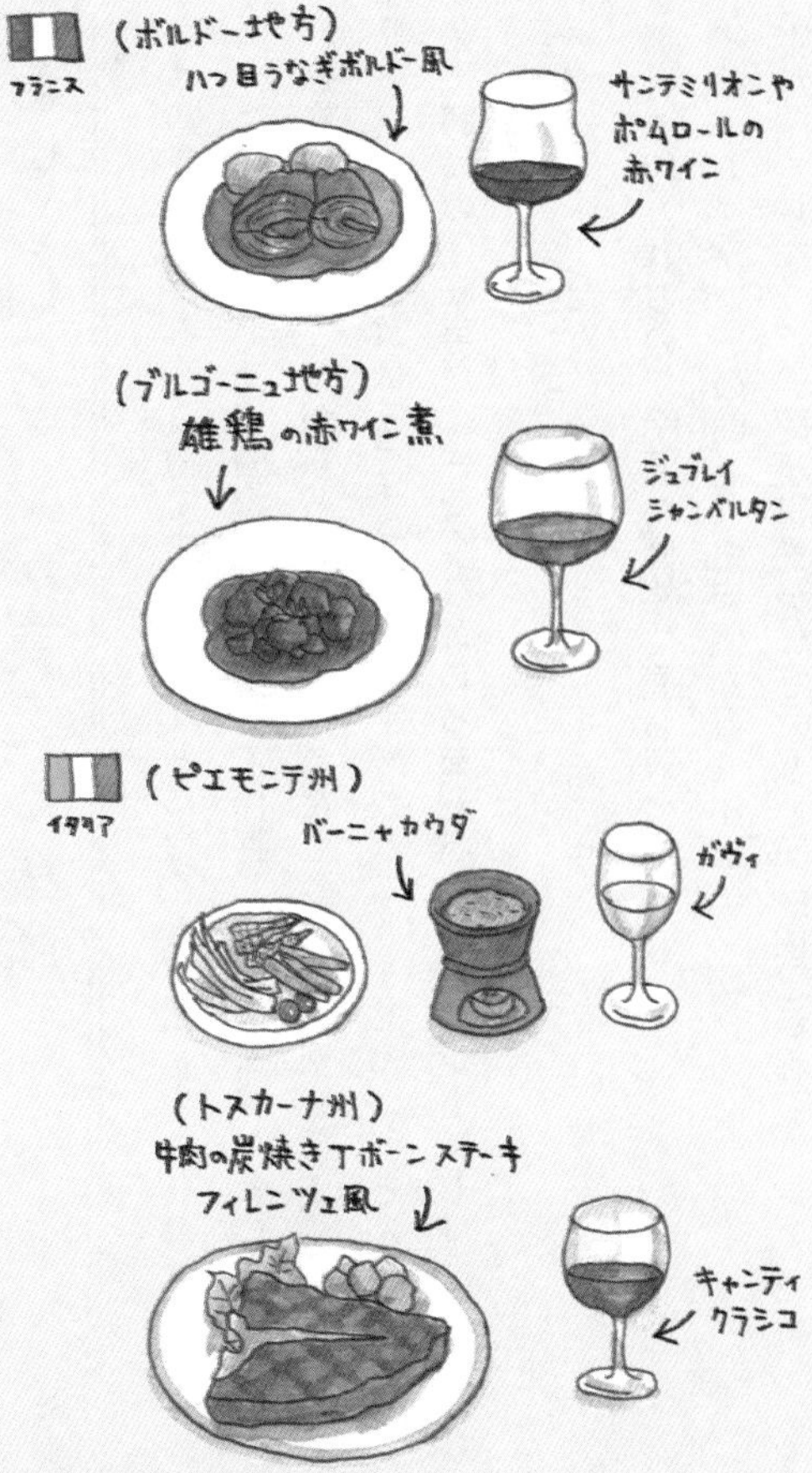

買う場所

# おいしいワインが買える場所

ワインは熟成し続ける飲み物です。蔵元などに行くと、瓶詰めされたワインは薄暗く湿った地下のカーブ（酒蔵）に寝かせて保存してあります。そのため高級なワインを買う場合、しっかりと品質管理されたものの方が安心です。

デイリーワインであればそこまで気を使う必要はありませんが、どんなお店で買うにせよ**商品の回転率がよさそうなところを選ぶのがポイントでしょう。**

## スーパーやコンビニ

◇大量購入で仕入れるので手頃な価格で売られている
◇プライベートブランドの商品など安価な掘り出しモノがある
◇棚に陳列してあるので、長期間置かれていると保存状態が心配
◇アドバイスが受けられないので、ＰＯＰなどの情報で選ぶ必要がある

France Wine
SALE
2014
LES GRAND
CHATEAU MARGAUX
GRAND VIN
LES FORTS
2007 DE LATOUR

◇どちらかというと自宅用で贈答向きではない

### ワイン専門店

◇ワインに詳しい店員がいるのでアドバイスがもらえる
◇ワインの管理が行き届いているので高額なワインを買うときにオススメ
◇テイスティングできるお店も多く、味を確かめてから買える
◇店舗数が限られており、近くにお店がないことも……
◇初心者にはハードルが高いイメージがある

### インターネット

◇手軽に注文できる
◇ワインを自宅まで配送してもらえる
◇赤・白、辛口・甘口、国別などカテゴリー分けされている
◇どういった環境で管理されているか見えない

◇夏場はクール便を使うなど配送方法の配慮が必要

最近では身近なスーパーなどでも、良質なワインを買えるようになりました。特に成城石井やカルディといった輸入食品を扱うショップは、手頃な価格で品揃えも豊富なので、おうちワインを買う場所としては最適です。

## 成城石井

旧世界、新世界ともに主要な国のワインはひと通り揃っています。POPにワインの説明や味のタイプが丁寧に書かれているのは嬉しいところ。また、特にボルドー地方やブルゴーニュ地方といったフランスワインは、1500円～2000円といった価格帯の種類が豊富です。

スパークリングワインにも力を入れており、箱入りの高級シャンパーニュからお手頃価格の**【カヴァ】**や**【スプマンテ】**まで幅広く取り揃えています。ハーフボトルもあり、チーズやお惣菜を一緒に買ってすぐに楽しめるのが特徴。

ラッピングサービスもあり、贈答用にも使えます。

## カルディコーヒーファーム

所狭しと輸入食材が並ぶカルディ。イタリア、フランス、スペイン、ドイツ、チリ、アルゼンチン、南アフリカなど世界中のワインが揃います。棚の手前の段ボールに陳列されたワインは、どれも1000円以下でお手頃。

特にお店イチ押しのカリフォルニアワイン**【レッドウッド】**は赤白ともに飲みやすく、まさに〝安ウマ〟ワインです。ワインと相性のいい食材も豊富で、ピザ生地、パスタ、生ハム、チーズなどと一緒に買える気軽さも魅力です。

## コストコ

広大な売り場面積を誇るアメリカ発の会員制スーパー。ここでしか買えない低価格&高品質なワインのラインナップが魅力です。特にボルドー地方やブルゴーニュ地方のワインは、価格帯も幅広く品揃えが豊富。プライベートブランド

「カークランドシグネチャー」のワインは、カリフォルニアだけでなくフランス、イタリア、アルゼンチン産もあり、1000円台でコスパの高いワインが見つかります。大量仕入れの〝売り切り〟スタイルなので、いつも異なる顔ぶれのワインが並び、ついつい足を運びたくなります。

週末などは、数種類のワインが試飲できるのも嬉しいところです。

ギフトや贈答用の
ラッピングサービスが
あると嬉しい

目立つ場所に
陳列しているワインは
お買い得で
回転率も高いので
要チェック

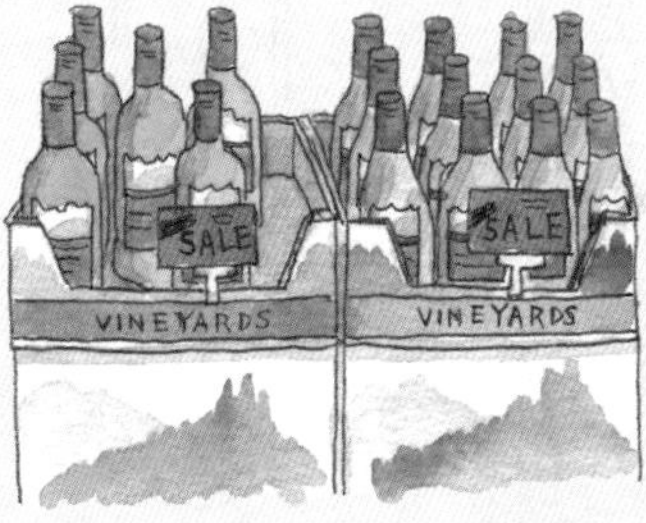

マナー

# これだけ覚えれば安心！基本のマナー

## 注いでもらうときグラスは持ち上げない！

日本ではお酌をしてもらうとき、グラスを持ち上げることや、手を添える習慣がありますが、ワインを注いでもらうときは**グラスを持ち上げません。**ワイングラスはテーブルに置いたまま、あるいはそっと手を添えるだけで十分です。グラスを持ち上げると、不安定でこぼれそうになったり、量がわかりづらいためです。

また**手酌もしないように！**　レストランではソムリエやお店の方が注いでくれますが、そうでない場合は男性が注ぐとスマートでしょう。

「もう結構です」という意思を伝える際は、声に出さずに、グラスの縁に軽く指

## ワインを注いでもらうとき

を置いたり、グラスの上に手をかざしたりする動作で伝えることもできます。

## 乾杯するときには グラスをぶつけない

乾杯のときには、派手にグラスを鳴らしたい気持ちもありますが、これも避けましょう。といいますのも、ワイングラスはワインの味や香り、色を楽しめるように、とても薄く作られています。ぶつけるとすぐに割れてしまうのです。

乾杯するときには**目の高さ程度までグラスを持ち上げ**「乾杯」というまでに留めておきましょう。

## 香りを確認する

まずはグラスを回さずに、鼻に近づけてブドウ本来の香りを確認します。

次に、グラスを回して、熟成によって得られた香り「ブーケ」を楽しみましょう。このとき、**右手に持った場合は反時計回りに、左手で持った場合は時計回り**に回していくのがいいでしょう。

こうしたことで、グラスからワインがはねてしまったときも、周りの人にかかる恐れがありません。

## グラスのどこを持つ？

実はワイングラスは、ボウル（ワインが注がれる部分）を持っても、ステム（脚の部分）を持っても、**どちらでも問題ありません。**

ただ、ステムを持てば、ワインに体温が伝わらないので、本来の香りと風味を損なわずに飲めます。

一流のレストランでは適温でワインが提供されるため、ステムの下の部分を持つとおいしさをキープすることができますし、見た目もエレガントに見えます。

ワインが冷え切っている場合や、より

香りを開きたい場合はボウルを持って敢えて少し温めてもいいでしょう。

## 口紅がグラスに付いたとき

口紅や汚れがグラスに付いたときには、指先で拭き取るようにしてください。その指はナプキンで拭くといいでしょう。

グラスに口を付ける箇所を決めておくと、グラスの縁が口紅のあとだらけ……なんてことにならずに済みます。

Column

# ワインの「ヴィンテージ」って何？

ワインのラベルに年代の記載があれば、それは使われているブドウの収穫年のこと。ワイン通の人から「今年は当たり年」や「いいヴィンテージ」という言葉を聞いたことがある人も多いでしょう。

ブドウは農作物なので、開花から収穫までの天候によって出来は様々で、当然そこから造られるワインも影響を受けます。

いい年のワインは濃度が濃く長期熟成に向いていますが、天候に恵まれなかった年のワインが悪いのかというと、必ずしもそうではありません。というのも、比較的早い時期に飲み頃になってくれるというメリットがあるからです。

ちなみに、同じ年、同じフランスのボルドー地方とブルゴーニュ地方でも出来に差があるので、ヴィンテージを見るときは同時に産地もチェックする必要があります。

Chapter 2

# ブドウの品種

Choice

# ワイン選びのポイントとは?

今飲みたいワインってどんなワインでしょうか?

四季のある日本ですから、夏には喉越しがよくしっかりと冷えた白ワイン。冬にはおうちでコクのある赤ワイン。春には桜を見ながらロゼワインと、シチュエーションによって飲みたいワインは変わります。

もちろん合わせる料理も重要です。ワインは料理を決めてから選びますし、逆に飲みたいワインに合わせて料理を作ることもあるでしょう。

ワインの最大の魅力は、その多様性。だからこそ、おいしいワインに出会えたときの喜びはひとしおです。

ワインを選ぶ際のポイントは、大きく分けて3つあります。

1つ目は品種、2つ目は土地、3つ目は生産者です。

## 品種

ブドウの品種には、食用として作られるアメリカ系の品種である「ヴィティス・ラブルスカ」と、ワイン醸造に向いたヨーロッパ系品種の「ヴィティス・ヴィニフェラ」があります。

そのまま食べるアメリカ系品種は皮がはがれやすく、種もない方が好まれますが、ワインになるヨーロッパ系品種は発酵させてアルコールになるため、酸味が豊かで糖度も高いのが特徴。特に赤ワインで使うブドウの場合、渋味の要素であるタンニンも味わいの決め手になるので果皮も重要です。

ヨーロッパ（旧世界）ワインが産地ごとに、決められた品種を使う一方で、**新世界ワインにはそうした品種の縛りはなく、それぞれの土地に適したブドウを使ったワインが造られています。**

## 土地

気候や土壌、畑の立地といったブドウが作られる環境も、ワインの個性を決める重要な要素です。

国や産地によって気候は様々。温暖な地域ではアルコール度数が高く色調も濃いワインに、寒冷な地域ではアルコール度数が低く酸味のあるシャープなワインになるのが一般的です。

石灰、砂利、粘土、玉石といった土壌の違いも味わいにつながるほか、畑の立地も非常に重要。傾斜地にあるブドウ畑は水はけがよく、斜面の向きによってはたくさんの太陽光を浴びることができるため、良質なブドウが育ちます。

ワイン造りにおけるそうした**様々な自然条件のことを「テロワール」といいます。**フランスのボルドー地方やブルゴーニュ地方では、隣り合った畑でも環境の違いで格付けが変わるほど、このテロワールが重要視されているのです。

## 生産者

ブドウの品種や育成環境（テロワール）に加えて、ワインの品質を左右するのが生産者です。ブドウの木が若い木か老木か、寄生虫から守る農薬はどのように使われているか、収穫は手摘みか機械か、醸造は樽かステンレスか……無限にある選択肢の中から最適な方法を選び、日々品質の向上を図る生産者の英知がおいしいワインを生み出します。

このようなワイン選びにおける重要なポイントのうち、その個性を左右する最も大きな役割を担っている要素が「品種」でしょう。

世界の生産地の多くで、フランスのボルドー地方とブルゴーニュ地方をお手本としたワイン造りが行われているため、特にこうした地域で使われている品種を「国際品種」として覚えておくと、**ボトルの形状（ボルドー型、ブルゴーニュ型など）が味わいのヒントになる**はずです。（P52参照）

また、同じブドウでも、他の土地で育ち、よさが引き出されて、その国を代表する品種となっているものも少なくありません。同じ品種ながら、土地土地に根付き、それぞれに発展していったワインを味わってみるのも楽しいでしょう。

ほかにも、その地域に昔からある固有品種も面白い存在です。**イタリアやスペインなど、昔からワイン造りが盛んな国にはたくさんの固有品種があります。**

代表的な品種をいくつか覚えておくと、ワインと生産国が結びつくでしょう。

## ◇単一品種とブレンド

ワインには1つの種類のブドウのみで造られる「単一ワイン」と、複数の品種をブレンド（アッサンブラージュ）して造られる「ブレンドワイン」があります。

「単一ワイン」はラベルに使用した品種を表示することが多いので、購入前に味の想像がつきやすいかもしれません。品種の個性を知るためには、まずはブレンドされていない単一ワインを飲んでみると、わかりやすいでしょう。

対して「ブレンドワイン」は複数の品種を使うことにより、複雑な味や香りを楽しめます。また、味や収穫量が厳しかった年でも、様々な収穫年の品種をブレンドすることで、調整することができます。

それでは、代表的なブドウの品種について解説いたします。主に赤ワインに使われる**黒ブドウの品種は赤色**、白ワインやシャンパーニュに使われる**白ブドウの品種は水色**になっています。商品名は【　】で紹介しているので、気になるものがあればぜひ調べてみてくださいね。

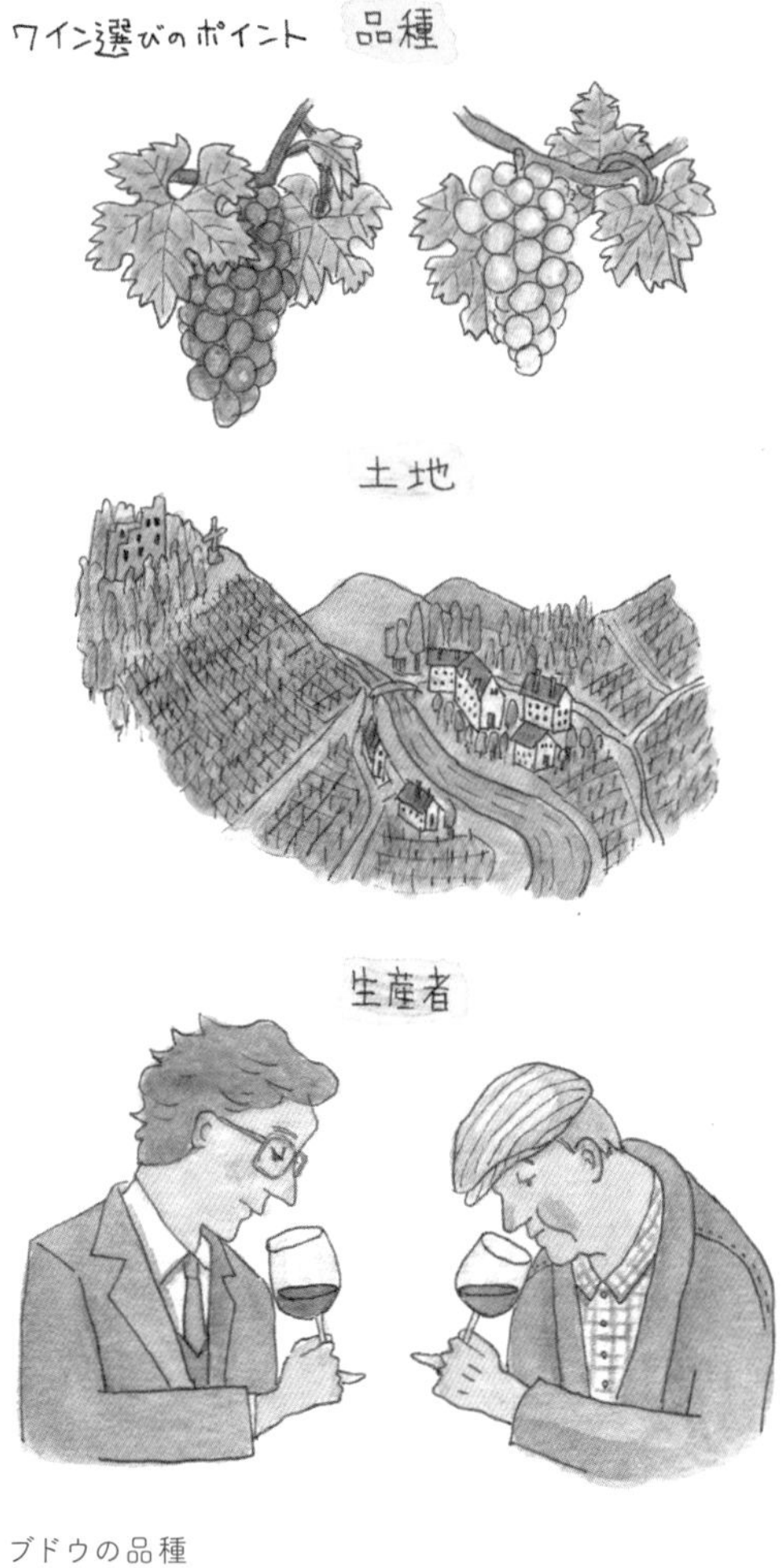

品種◆赤

# カベルネ・ソーヴィニヨン

**産地** フランス ボルドー地方、アメリカ カリフォルニア州 ナパ・ヴァレー、オーストラリア マーガレットリバー・クワナラ、チリ、イタリア など

**飲む温度** 18℃ぐらい

**グラス** 大ぶりのチューリップグラス

**相性のいい料理** ビーフステーキ、ビーフシチュー、トンカツ など

## 香りの種類

フランス・ボルドー地方原産。**カベルネ・フラン**とソーヴィニヨン・ブランの交配種です。世界中で広く栽培されている人気品種で、渋味と酸味が豊かでしっかりとしたフルボディの赤ワインができます。

ボルドー地方では**カベルネ・フラン**、**メルロー**とともに主要品種として栽培され、これらをブレンドしたワインが主流です。

水はけのいい土壌を好み、ボルドー地方以外でもカリフォルニア、オーストラリア、チリなど世界中で栽培されています。収穫は遅摘みでタンニンが強く、長期熟成にも適しているのが特徴。色調は濃く黒っぽいガーネット色で、グラスを傾けると、透明感なくフチまでしっかりと色が詰まっているのがわかるでしょう。

香りはカシスやブラックチェリー、黒コショウ、インク、トースト、カカオ、バニラなどが感じられます。

冷涼な地域では杉やピーマンなど野菜的な香りになる一方、温暖な地域では煮詰めたジャムのような香りが強く出るのも面白いところ。熟成が進むと、なめし皮やトリュフのような香りが出て複雑でエレガントな味わいになるのが特徴です。

品種◆赤

# メルロー

**産地** フランス ボルドー、イタリア、アメリカ、チリ、オーストラリア、日本 など

**飲む温度** 16℃～18℃

**グラス** 大ぶりのチューリップグラス

**相性のいい料理** 鴨のコンフィ、赤身のステーキ、すき焼き など

## 香りの種類

フランス・ボルドー地方原産の品種です。

収穫時期が早く、果実味があり、まろやかな味わいが特徴。前述の通り、ボルドー地方では**カベルネ・ソーヴィニヨン**とブレンドするのが一般的で、口当たりのいいワインに仕上がります。

乾燥に弱いという特性から、水はけのいい土壌より、粘土質の土壌に適しており、ボルドー地方の中ではドルドーニュ川右岸エリアのポムロールやサンテミリオン地区の主要品種です。

このエリアでは、メルローを100%使用した単一品種のワインが生産されており、有名な高級ワイン**【シャトー・ペトリュス】**などがあります。

色調は**カベルネ・ソーヴィニヨン**に比べるとややガーネットに近い色味ですが、しっかりと濃く、香りはカシス、ブルーベリー、ブラックチェリー、プルーン、スミレ、ミント、バニラなどが感じられます。

熟成が進むと、なめし皮や落ち葉のような香りになり、やわらかい渋味とビロードのような上品でなめらかな味わいに変化していきます。

品種◆赤

# カベルネ・フラン

**産地** フランス ボルドー地方・ロワール地方、アメリカ、オーストラリア、イタリア、チリ など

**飲む温度** 14℃～18℃　**グラス** チューリップグラス

**相性のいい料理** ローストビーフ、ハンバーグ、ピーマンの肉詰め など

## 香りの種類

### 花

### フルーツ

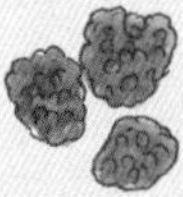


### 植物

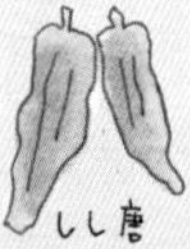


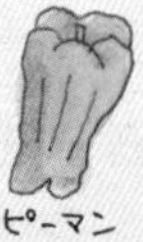

世界的に人気がある**カベルネ・ソーヴィニヨン**の交配親で、ボルドー地方の主要三品種の1つです。

ボルドー地方では**カベルネ・ソーヴィニヨン**と**メルロー**に対して補助的に使われる品種ですが、フランスのロワール地方では**ブルトン**という別名を持ち、**【シノン】【ブルグイユ】【ソミュール・シャンピニー】**、といった**カルベネ・フラン**単一の良質なワインが造られています。

ほかにもロワール地方南部の生産地アンジュで造られている**【アンジュ・ロゼ】**などの単一品種のロゼワインも有名です。

**カルベネ・ソーヴィニヨン**に比べて爽やかで渋味が少なくやわらかな味わい。色調も**カベルネ・ソーヴィニヨン**より明るめながら、厚みのある黒みがかった赤が特徴です。

香りはカシス、チェリー、フランボワーズ、スミレ、ゼラニウムなどが感じられ、冷涼な地域で栽培されたものはピーマンやしし唐といった野菜的な香りが出ます。

品種◆赤

# ピノ・ノワール

**産地** フランス ブルゴーニュ地方、ドイツ、アメリカ、オーストラリア、ニュージーランド など

**飲む温度** 16℃ぐらい

**グラス** 大ぶりの風船のような膨らみのグラス

**相性のいい料理** 牛肉の赤ワイン煮込み など

## 香りの種類

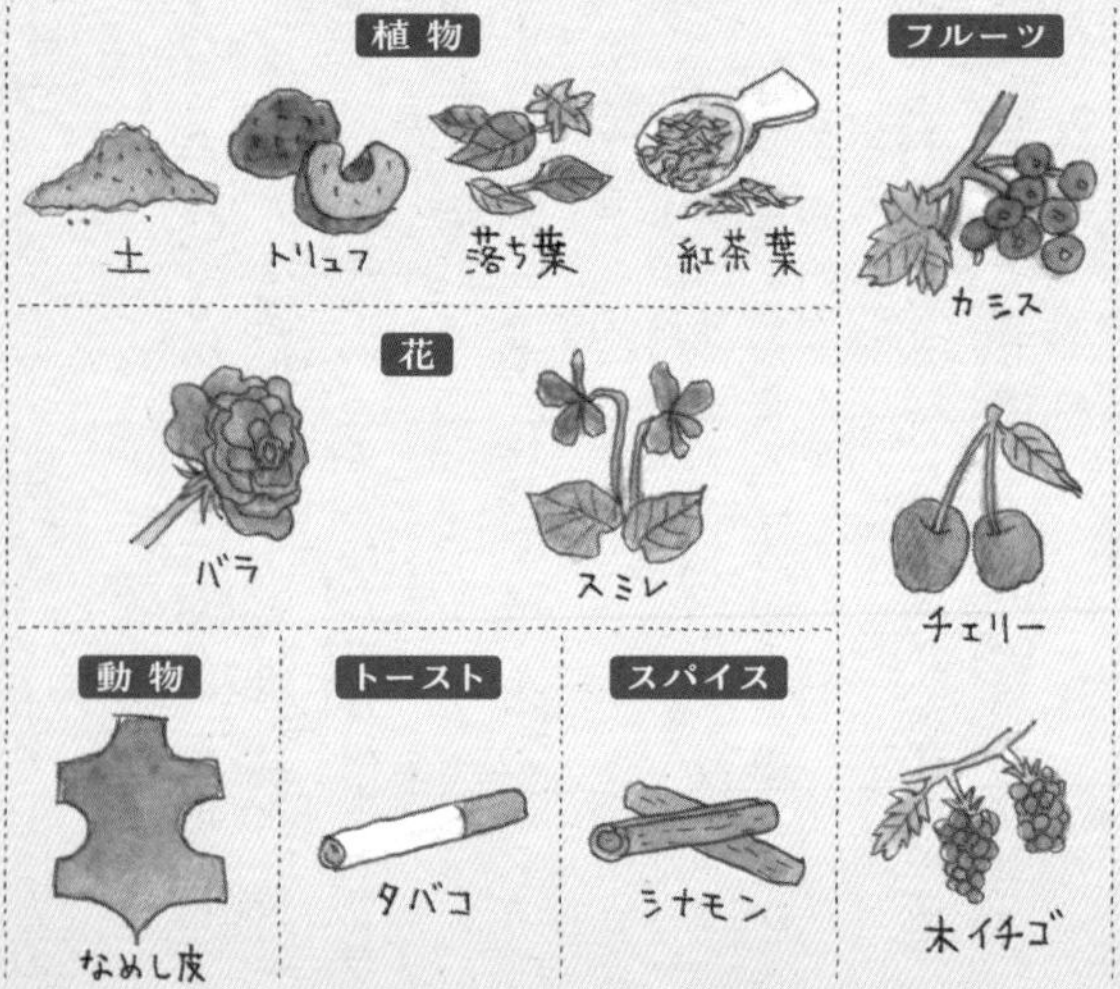

フランス・ブルゴーニュ地方原産。最も有名なブルゴーニュ地方のワイン**【ロマネ・コンティ】**はこの品種です。ボルドー地方の**カベルネ・ソーヴィニヨン**とよく比べられますが、味わいは正反対で、渋味が少なく味わいはシルクやビロードに例えられる程のなめらかさがあります。

冷涼な気候を好み、皮が薄いため湿気に弱く、暑い土地では早く熟し過ぎてしまうため、栽培が難しいといわれています。気候や土壌の影響を受けやすい品種とされ、環境によって味や香りが大きく変化するのが特徴です。

ほぼ単一品種で仕上げられ、色調は透明感のある濃いルビー色。香りはカシス、チェリー、木イチゴ、スミレ、バラ、紅茶葉などが感じられます。華やかで複雑な香りが特徴で、熟成が進むとトリュフ、タバコ、シナモン、なめし皮など、さらに香りが広がります。

ほぼ単一品種で使われると書きましたが、フランス・シャンパーニュ地方ではほかの品種とブレンドしたワインが造られています。また、ドイツでは、**シュペートブルグンダー**という別名でよばれているのも面白いところでしょう。

品種◆赤

# ガメイ

**産地** フランス ブルゴーニュ地方（ボジョレー地区）・ロワール地方、スイス　など

**飲む温度** 12℃～14℃　**グラス** 中ぶりのグラス

**相性のいい料理** 鶏肉のトマト煮、かぼちゃのチーズ焼き、ソーセージ　など

## 香りの種類

### お菓子

イチゴキャンディ

黒糖

### フルーツ

木イチゴ

カシス

チェリー

煮詰めたジャム

バナナ

フランスのブルゴーニュ最南端のワイン生産地ボジョレー地区で造られた新酒【ボジョレーヌーヴォー】が有名な品種です。

ヌーヴォーは、その年に収穫されたブドウを「マセラシオン・カルボニック」という製法で醸造したフレッシュなワインのこと。

ブドウを破砕《はさい》せずにステンレスタンクに入れ、炭酸ガスとともに数日間密閉した後、圧搾して発酵させる方法で造られます。

明るい赤紫の色調が特徴で、香りはカシス、イチゴキャンディ、チェリー、バナナ、黒糖、甘草など。

渋味が少なく、フルーティーな味わいになります。

ちなみに、新酒のイメージが強いボジョレーワインですが、収穫地域が限定された〝村名〟が付くような高級ワインの中には熟成型の赤ワインもあり、こちらはより複雑で深みのある香りと味わいを楽しめます。

ボジョレー以外では、フランスのロワール地方やスイスなど涼しい地域でも栽培されています。

品種◆赤

# シラー

**産地** フランス コート・デュ・ローヌ地方（北部）、オーストラリア、アメリカ、アルゼンチン、チリ、メキシコ、南アフリカ など

**飲む温度** 18℃ぐらい

**グラス** チューリップグラス

**相性のいい料理** ステーキ、バーベキュー、焼肉 など

## 香りの種類

**ケミカル**

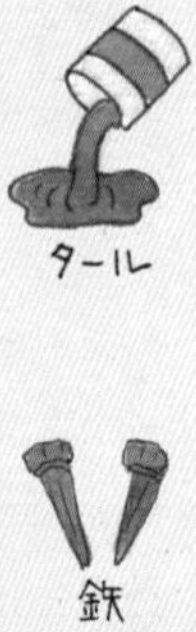


**花**

**スパイス**

**植物**

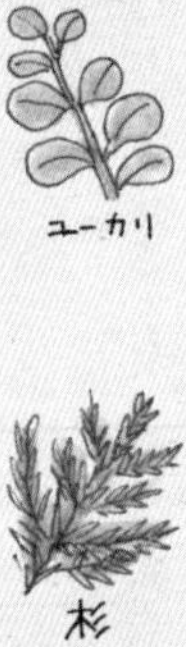


**フルーツ**

南フランスのコート・デュ・ローヌ地方（ローヌ北部）が原産地。渋味、酸味、タンニンがしっかりとした力強い品種です。

フランス・ローヌ北部に位置するエルミタージュという狭い地域では、ローヌ川沿いの急斜面で長期熟成に適した**シラー**単一品種の赤ワインが造られています。これはかつて、フランス貴族やロシア皇帝からも愛されていたともいわれます。

温暖な気候を好み世界中で栽培されているのが特徴で、オーストラリアでは**シラーズ**とよばれ、国を代表する良質な赤ワインが造られています。

グラスを傾けるとフチまで黒紫色が詰まって濃い色調です。

香りは「黒コショウを探せ」といわれるほどスパイシーで、ブルーベリー、カシス、オリーブ、スミレ、鉄、タールなど。

オーストラリアの**シラーズ**は、そこまでスパイシーさはなく、果実味や甘さが加わります。酸味もなくボリューム感があり、さらにユーカリの香りが加わるといわれています。

品種◆赤

# ネッビオーロ

**産地** イタリア ピエモンテ州・ロンバルディア州 など

**飲む温度** 18℃～20℃ぐらい **グラス** 大ぶりのチューリップグラス

**相性のいい料理** ジビエ、白トリュフのパスタ など

## 香りの種類

**ケミカル**

タール

鉄

**トースト**

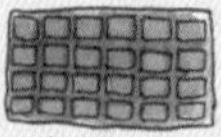
チョコレート

タバコ

**花**

スミレ

バラ

**フルーツ**

ブラック チェリー

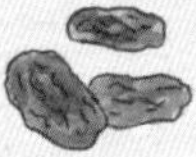
干しプラム

**動物**

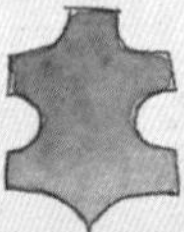
なめし皮

**植物**

トリュフ

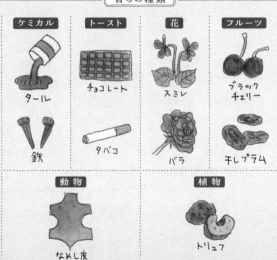

イタリア北西部ピエモンテ州の高級ワイン**【バローロ】**や**【バルバレスコ】**に使われる品種として有名です。

晩熟で、泥炭土の土壌と日照量の多い気候を好むため、栽培が難しい品種とされています。

酸味、渋味、タンニンが強く、アルコール度数も非常に高いので、出荷までに数年の熟成期間が法律で義務付けられている長期熟成タイプです。

色調は明るいルビー色。

香りはスミレ、バラ、干しプラム、ブラックチェリー、チョコレート、タール、鉄などが感じられ、熟成が進むとトリュフやなめし皮といった香りが出て複雑さが増します。

同じピエモンテ州でも北部では**スパンナ**、ロンバルディア州では**キアヴェンナスカ**とよばれています。

タンニンをしっかり感じられる品種なので、ジビエ料理ともよく合います。

品種・赤

# サンジョヴェーゼ

産地　イタリア トスカーナ州　など

飲む温度　14℃～18℃

グラス　中ぶりのグラス

相性のいい料理　炭火焼ステーキ、トマトのタリアテッレ、サラミ、生ハム　など

## 香りの種類

**動物**

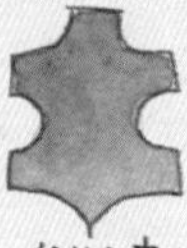

なめし皮

**スパイス**

バニラ

**花**

スミレ

**植物**

トリュフ

紅茶葉

**フルーツ**

ブラックチェリー

プラム

イチゴ

イタリア国内で最も多く栽培されている中部トスカーナの赤ワイン主要品種。土地によってよび名が変わります。高級ワイン**【ブルネッロ・ディ・モンタルチーノ】**は**サンジョヴェーゼ**の亜種**ブルネッロ**100%で造られています。親しみやすいデイリーワイン**【キャンティ】**や、黒い鶏マークが目印の**【キャンティ・クラシコ】**などカジュアルなものから高級ワインまで幅広く造られています。酸味とタンニンが多く、果実味が豊かで、濃い赤紫色に少しオレンジがかった色調。香りはイチゴ、プラム、ブラックチェリー、スミレ、紅茶葉などで熟成型の場合はトリュフやなめし革など加わります。

イタリア以外の国ではアメリカのカリフォルニア、フランスのコルシカ島などでも栽培されています。

ルールにとらわれず、ボルドー地方の**カベルネ・ソーヴィニヨン**や**カベルネ・フラン**などと、**サンジョヴェーゼ**をブレンドして造られたワインが世界的な人気を博し「スーパータスカン」とよばれるようになりました。この「スーパータスカン」の誕生は、イタリアのワイン法を変えてしまうほどの革命でした。

品種◆赤

# テンプラニーリョ

**産地** スペイン、ポルトガル など

**飲む温度** 16℃～18℃ **グラス** チューリップグラス

**相性のいい料理** 生ハム、牛肉の煮込み、牛肉ときのこのオイスター炒め など

## 香りの種類

### スパイス

バニラ

### トースト

タバコ

### 動物

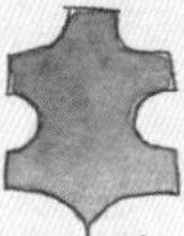
なめし皮

ジビエ

### 植物

中国茶

土

### フルーツ

プラム

ブラックベリー

干しイチジク

スペイン全土で広く栽培されている品種で、特に北東部のリオハでは高品質なワインが造られています。

スペイン語で「Temprano（早熟な）」という言葉の由来通り、早熟な品種です。

色調は濃いルビー色。

タンニンはひかえめで酸はしっかり、アルコール度数が高めのフルボディです。

香りはプラム、ブラックベリー、干しイチジク、バニラ、中国茶、土、なめし皮、タバコなど。

とても広範囲で栽培されているので別名が多く、中部ラ・マンチャでは**センシベル**、北西部のリベラ・デル・ドゥエロでは**ティント・フィノ**とよばれています。

隣国ポルトガルでも栽培されており、こちらはポートワイン（ブランデーを添加した酒精強化ワイン）の原料として使われています。

品種◆赤

# ジンファンデル

**産地** アメリカ カリフォルニア州、イタリア など

**飲む温度** 18℃ぐらい

**グラス** チューリップグラス

**相性のいい料理** ハンバーグ、スペアリブ など

## 香りの種類

### フルーツ

### トースト

### スパイス

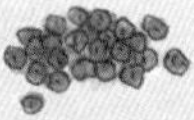


### 植物

カリフォルニア州で多く栽培されているアメリカを代表する品種です。カリフォルニア州の中でも、ナパ・ヴァレーやソノマなどは高級**ジンファンデル**の産地です。

ブドウ粒の大きさが不均等で糖度も成熟にバラつきがあるので、ワインに複雑な味わいが生まれます。果皮の色が濃いので、ワインも濃い赤紫になり、香りはブラックチェリーやカシス、レーズン、黒コショウ、バニラ、ミント、モカコーヒーなど。味わいはしっかりとしたタンニンと深み、ボリューム感がありスパイシーさと果実味を感じられる品種です。

やわらかな味わいのロゼワイン**【ホワイト・ジンファンデル】**は1980年～1990年頃にアメリカ国内でとても人気があり、アメリカ国内のレストランのワインリストに必ずあるというぐらいブームを巻き起こしました。赤ワインと違い、こちらはやや甘口の仕上がりになります。

イタリア南部のプーリアなどでも栽培されており、こちらは**プリミティーヴォ**とよばれていて、アメリカの**ジンファンデル**より酸味があります。

品種・赤

# カルメネール

**産地** チリ など

**飲む温度** 18℃ぐらい　**グラス** チューリップグラス

**相性のいい料理** スペアリブ、ステーキ、ジンギスカン など

## 香りの種類

| トースト | スパイス | 植物 | フルーツ |
| --- | --- | --- | --- |

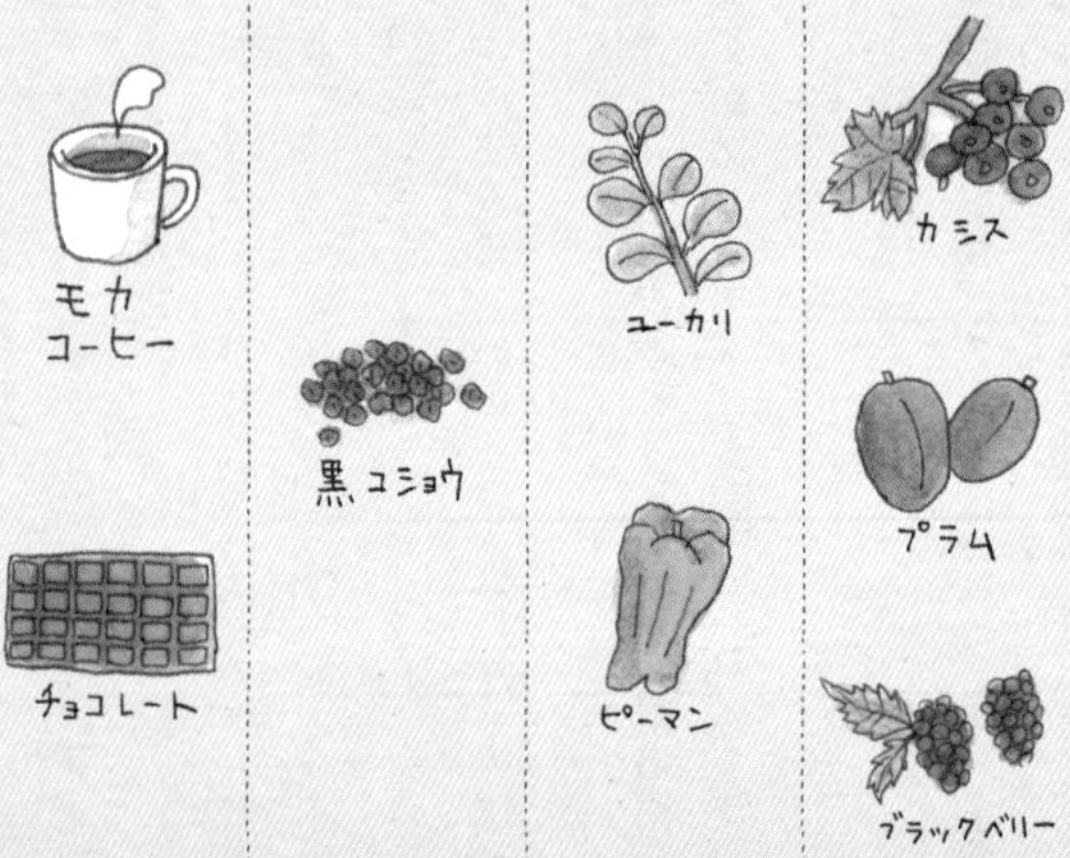

チリが主要産地の品種ですが、原産地はフランス・ボルドー地方です。長い間**メルロー**と混同されてきた歴史があり、近年のDNA検査で19世紀にボルドー地方のメドック地区で多く栽培されていた**カルメネール**と判明しました。しかしフランスでは、ボルドー地方でブレンドするため多く栽培されていましたが、19世紀後半のフィロキセラという害虫被害の後はほとんど栽培されなくなっています。

**カルメネール**の名前はカルミネ（深紅の）という意味で色素が非常に濃いのが特徴です。**カベルネ・フラン**が交配親。晩熟な品種で気候に恵まれたチリでゆっくりと育ち凝縮された果実味豊かなワインになります。

色調は濃い赤紫で、香りはカシス、ブラックベリー、プラム、ブラックペッパー、モカコーヒー、チョコレート、早く収穫するとピーマンの香りが強く出ます。

品種◆白

# シャルドネ

**産地** フランス ブルゴーニュ地方、アメリカ、オーストラリア、チリ、南アフリカ、日本 など

**飲む温度** 10℃～16℃

**グラス** 中ぶり風船型のグラス

**相性のいい料理** バターやクリームを使った料理、牡蠣《かき》、カルパッチョ など

## 香りの種類

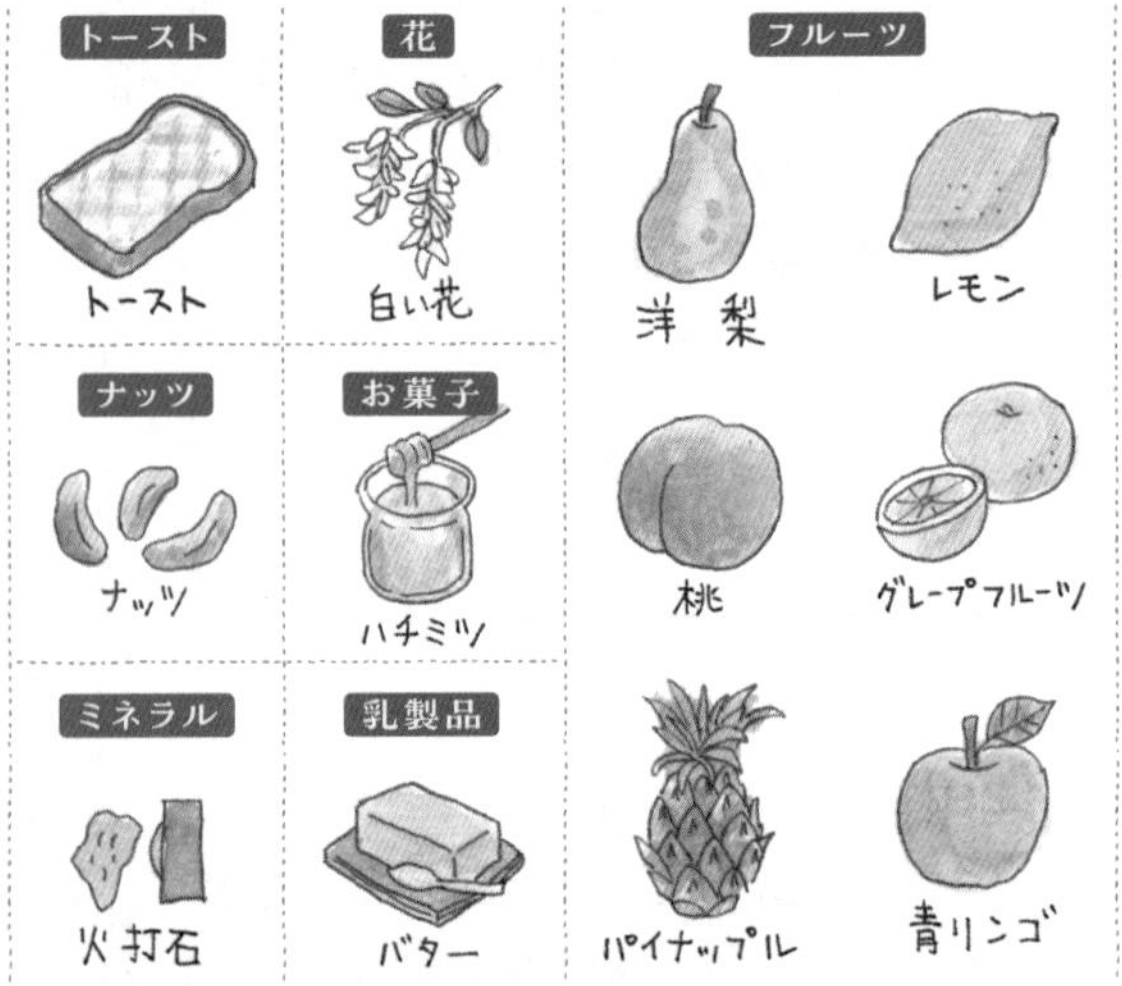

フランス・ブルゴーニュ地方の白ワイン主要品種で、世界中のワイン産地で栽培されている大変人気のある品種です。

果実味、酸味が豊かでコクのある品種ですが、実はそこまで突出した個性はなく、その土地の気候風土や醸造法で様々な味わいに変化します。

ブルゴーニュ地方では、北部のシャブリ地区のワインはミネラルが豊かで、爽やかな味わいが人気ですし、コート・ド・ボーヌ地区の**【モンラッシェ】**は気品ある芳醇な高級白ワインとして世界的に有名です。

色調も醸造法によって変化し、ステンレスタンクによる発酵の場合はグリーンがかった黄色、樽発酵や樽熟成であれば黄金色が出ます。

香りも産地や醸造法によって様々で、冷涼な産地の場合は青リンゴ、グレープフルーツ、レモン、洋梨、白い花などで、温暖な産地ではさらにハチミツ、パイナップル、桃が加わり、さらに醸造法によってはバター、ナッツ、トーストといった香りになることもあります。収穫から数年で飲めるフレッシュタイプから、長期熟成タイプまであり、テロワールや生産者の個性が強く出る品種です。

品種◆白

# ソーヴィニヨン・ブラン

**産地** フランス ボルドー地方・ロワール地方、ニュージーランド マールボロ地方、アメリカ、オーストラリア、チリ など

**飲む温度** 8℃～12℃　**グラス** 中ぶりのグラス

**相性のいい料理** 白身魚、野菜料理 など

## 香りの種類

フランス・ボルドー地方やロワール地方の主要品種です。ボルドー地方では**セミヨン**や同じ白ワイン品種である**ミュスカデル**とブレンドするのが一般的で、ガロンヌ川沿いのグラーヴ地区などで上質な白ワインが造られています。

ボルドー地方よりも北に位置するロワール地方では、サンセールやプイィ・フュメといった銘醸地が知られており、ハーブやミネラル感が豊かな味わいが特徴です。

フランス以外にもアメリカ、オーストラリア、チリといった新世界の産地で、幅広く栽培されており、中でもニュージーランドのマールボロ地方は**ソーヴィニヨン・ブラン**の栽培面積が国内最大規模を誇り、そこで造られた上質なワインは世界的な評価を獲得しています。

色調はグリーンがかった黄色ですが、樽発酵したものに関しては黄色が強くなります。香りはレモン、ライム、キウイ、セージ、グリーンティー、芝生、火打石、ナッツ、ムスクなどが感じられます。

清涼感のあるハーブや柑橘系のスッキリした味わいが特徴です。

品種◆白

# リースリング

**産地** ドイツ モーゼル地方・ラインガウ地方、
フランス アルザス地方、オーストリア など

**飲む温度** 6℃～10℃

**グラス** 縦長で
口がすぼまったグラス

**相性のいい料理** ソーセージ、白身魚のムニエル、天ぷら、
ちらし寿司 など

## 香りの種類

### ミネラル

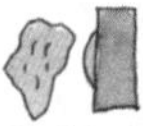

火打石

### ケミカル

石油

### お菓子

ハチミツ

### 植物

ミント

菩提樹

### 花

白い花

### フルーツ

リンゴ

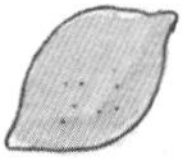

レモン

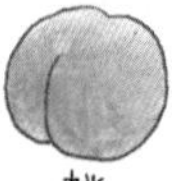

桃

ライム

洋梨

カリン

ドイツを代表する白ワインの品種がリースリングです。ヘッセン州南西端の産地ラインガウ地方や、ドイツ最古の産地として知られるモーゼル地方で上質なワインが造られています。特にラインガウ地方では、栽培面積の約9割でリースリングを栽培しており、一大産地として国外への輸出も盛んに行われています。

冷涼な気候を好み、ミネラル豊かで酸味の冴えたフルーティーな味わいが特徴のメジャー品種といえるでしょう。格付け上位の【アイスヴァイン】は凍ったブドウから、【トロッケン・ベーレン・アウスレーゼ】は貴腐ブドウからワインを造ります。

ドイツは糖度が高い程ワインの格付けが高いため、一般的に甘口ワインが多いイメージがありますが、辛口ワインも品のある爽やかな味わいがあります。

色調は薄いグリーンがかった黄色。香りはリンゴ、レモン、ライム、カリン、桃、ミント、白い花、菩提樹《ぼだいじゅ》、ハチミツ、石油、火打石などです。

ドイツと隣接するフランス・アルザス地方やオーストリアといった幅広い地域で栽培されています。

品種◆白

# セミヨン

**産地** フランス ボルドー地方ソーテルヌ地区（貴腐ワイン）、オーストラリア など

**飲む温度** 6℃～10℃

**グラス** 白ワインは中ぶりのグラス／貴腐ワインは小ぶりのグラス

**相性のいい料理** 白ワイン…白身魚、野菜料理
貴腐ワイン…チョコレート、ブルーチーズ（ソーテルヌ×ロックフォールは定番の組み合わせ） など

## 香りの種類

**乳製品**

**ナッツ**

**フルーツ**

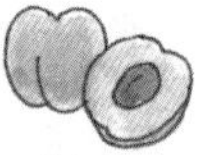

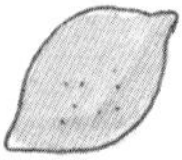


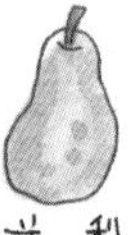


**お菓子**

**スパイス**

フランス・ボルドー地方が主要原産地の白ブドウ品種。

一般的なボルドー地方の白ワインで使われる際は、ソーヴィニヨン・ブランやミュスカデルとブレンドしますが、例外的にソーテルヌ地区では極甘口の単一品種のワインが造られています。

ガロンヌ川とその支流のシロン川に挟まれたソーテルヌ地区は、霧が発生しやすい気候からブドウの果皮に貴腐菌が付きやすく、干しブドウのような状態になった果実から極甘口の貴腐ワイン（デザートワイン）が造られています。

こうして造られたワインは、糖度が凝縮した濃厚な味わいが特徴。色は美しい黄金色で、香りは黄桃、ハチミツ、アプリコット、パイナップル、洋梨、バニラなど。貴腐ワイン造りには大変な手間と時間がかかりますが、その極上の風味から世界中で珍重され、高級ワインとして人気を集めています。

ちなみに、ソーテルヌ地区の貴腐ワインは、ドイツの**【トロッケン・ベーレン・アウスレーゼ】**、ハンガリーの**【トカイ】**と並び、世界三大貴腐ワインといわれており、上質な貴腐ワインの産地として有名です。

品種・白

# ピノ・グリ

**産地** フランス アルザス地方、ドイツ ラインヘッセン地方、イタリア、アメリカ オレゴン州、オーストラリア など

**飲む温度** 8℃～10℃

**グラス** 縦長で口がすぼまったグラス

**相性のいい料理** 鶏肉、豚肉料理、白身魚フライ など

## 香りの種類

### スパイス

クローブ

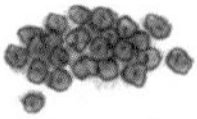
黒コショウ

### お菓子

ハチミツ

### フルーツ

カリン

リンゴ

梨

パイナップル

グレープフルーツ

フランス・ブルゴーニュ地方原産の黒ブドウである**ピノ・ノワール**の突然変異種で、果皮がピンク系の赤紫という特徴を持っています。

フランスではアルザス地方で多く栽培されており、色調は黄金色で香りはリンゴ、グレープフルーツ、梨、カリン、パイナップル、黒コショウ、クローブ、ハチミツなど。フルーツ系の酸がありながらも、お菓子系の甘味が楽しめる品種です。

アルザス地方の場合はスパイシーでコクのある味わいが特徴で、イタリアの場合は果実味があるフレッシュタイプのワインがほとんどです。同じ品種でも、栽培される土地によって味が変わるなんて、不思議ですよね。

各地でよび名は様々で、ドイツでは**グラウブルグンダー**、**ルーレンダー**、イタリアでは**ピノ・グリージョ**とよばれています。

品種◆白

# ヴィオニエ

**産地** フランス コート・デュ・ローヌ北部・ラングドック地方、アメリカ、オーストラリア、南アフリカ など

**飲む温度** 6℃～10℃

**グラス** 縦長で口がすぼまったグラス

**相性のいい料理** 酢豚、中華料理、エスニック料理 など

## 香りの種類

**フルーツ**

洋梨

アプリコット

マンゴー

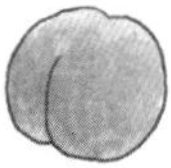
桃

**お菓子**

ハチミツ

**スパイス**

シナモン

**花**

白い花

フランスのコート・デュ・ローヌ地方を中心に栽培されている、白ブドウ品種です。

コンドリューやシャトー・グリエで造られる単一品種のワインが有名です。

温暖な気候を好み、果実味のある華やかな香りで、コクのあるワインに仕上がります。

コート・デュ・ローヌ北部の生産地コート・ロティでは黒ブドウの**シラー**とブレンドされた赤ワインが造られていますが、あくまで**シラー**の補助的なブレンドで、**ヴィオニエ**の割合は5％〜20％程度です。スパイシーで濃厚な**シラー**に**ヴィオニエ**を加えると、少しだけまろやかになります。

色調は明るい黄色で、香りは桃、マンゴー、アプリコット、洋梨、ハチミツ、白い花、シナモンなどが感じられます。

品種◆白

# ゲヴュルツトラミネール

**産地** フランス アルザス地方、
ドイツ ファルツ地方・バーデン地方、
イタリア、オーストリア　など

**飲む温度** 6℃～12℃

**グラス** 縦長で
口がすぼまったグラス

**相性のいい料理** エスニック料理、カレー　など

## 香りの種類

### 植物

紅茶葉

### 花

バラ

### スパイス

黒コショウ

シナモン

クミン

### フルーツ

ライチ

パッションフルーツ

「ゲヴュルツ」とはドイツ語で「スパイス」という意味で、トラミナーというイタリアの品種が起源といわれています。

フランスのアルザス地方やドイツのファルツ地方が主な生産地です。

冷涼な気候を好む白ワイン品種ですが、ブドウは赤味を帯びたピンク色。

色調も黄色が強く、香りはライチ、パッションフルーツ、バラ、黒コショウ、シナモン、クミン、紅茶葉など、華やかでとても特徴的です。

そのスパイシーでオリエンタルな味わいから、辛口ワインから極甘口の貴腐ワインまで幅広いワインで使われています。

香りも強く華やかなので、タイやベトナムなどのエスニック料理や、インドカレーなどに合わせることもできます。

品種◆白

# シルヴァーナー

**産地** ドイツ、フランス アルザス地方、オーストリア、スイス など

**飲む温度** 6℃～10℃

**グラス** 縦長で口がすぼまったグラス

**相性のいい料理** 白身魚のグリル、ポテト料理、ソーセージ、ハム など

## 香りの種類

**フルーツ**

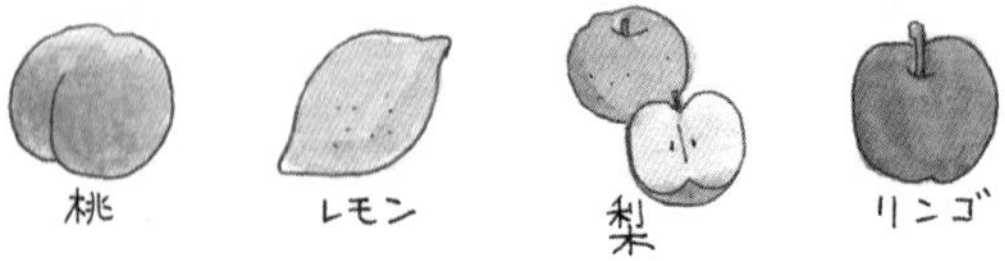


**ミネラル**

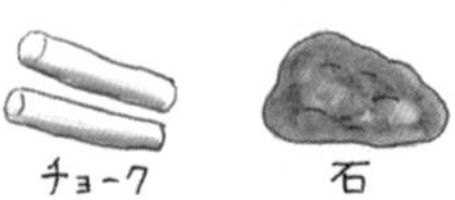


**お菓子**

**花**

主に、ヨーロッパの寒冷地で栽培されていて、ドイツにおける白ワイン用ブドウの主要品種です。

特に石灰質土壌の、ドイツ・中南部フランケン地方では高品質な白ワインが造られており、力強くフルーティー、厚みのある辛口で人気があり、「ボックスボイテル」とよばれる平たいワインボトルが知られています。

色調はグリーンがかった黄色。

香りはリンゴ、梨、レモン、桃、白い花、ハチミツ、石、チョークなど。

豊かなミネラルとスッキリとした酸味で、辛口に仕上げられることが多い品種ですが、辛口ワインから極甘口ワインまで様々なワインが造られており、テロワール（地域性）の個性で左右される品種といえるでしょう。

ちなみに、フランスのアルザス地方では**シルヴァーネル**とよばれています。

品種・白

# ミュラー・トゥルガウ

**産地** ドイツ、オーストリア、イタリア、日本 など

**飲む温度** 6℃～10℃

**グラス** 縦長で口がすぼまったグラス

**相性のいい料理** 野菜のグリル、カルパッチョ、天ぷら など

## 香りの種類

### 植物

芝生

セージ

### 花

白い花

### フルーツ

梨

リンゴ

レモン

アプリコット

グレープフルーツ

スイス北東部にあるトゥールガウ州で、植物学者のヘルマン・ミュラー氏によって開発されたブドウ品種。

**リースリング**と**マドレーヌ・ロイヤル**（**ピノ・ノワール**と**トロリンガー**の交配品種）を掛け合わせた品種とされています。

ドイツが主な生産地ですが、早熟で収穫が早く様々な気候や土壌に対応できる特性を持つため、オーストラリアやイタリアに加え、日本では北海道を中心に、山梨県や山形県といった地域でも栽培されています。

色調はグリーンがかった淡い黄色。

香りはリンゴ、グレープフルーツ、梨、レモン、白い花などです。

果実味がありフレッシュで軽やかな味わいが特徴で、辛口から甘口まで様々なワインが造られています。

フレッシュなうちに楽しむ早飲みタイプで、料理の味を邪魔しません。和食にも合わせられるので、ぜひお試しを。

品種◆白

# シュナン・ブラン

**産地** フランス ロワール地方、南アフリカ、アメリカ、チリ など

**飲む温度** 6℃～10℃

**グラス** 縦長で口がすぼまったグラス

**相性のいい料理** クリーム系魚介類、茹野菜のマヨネーズソース、グラタン など

## 香りの種類

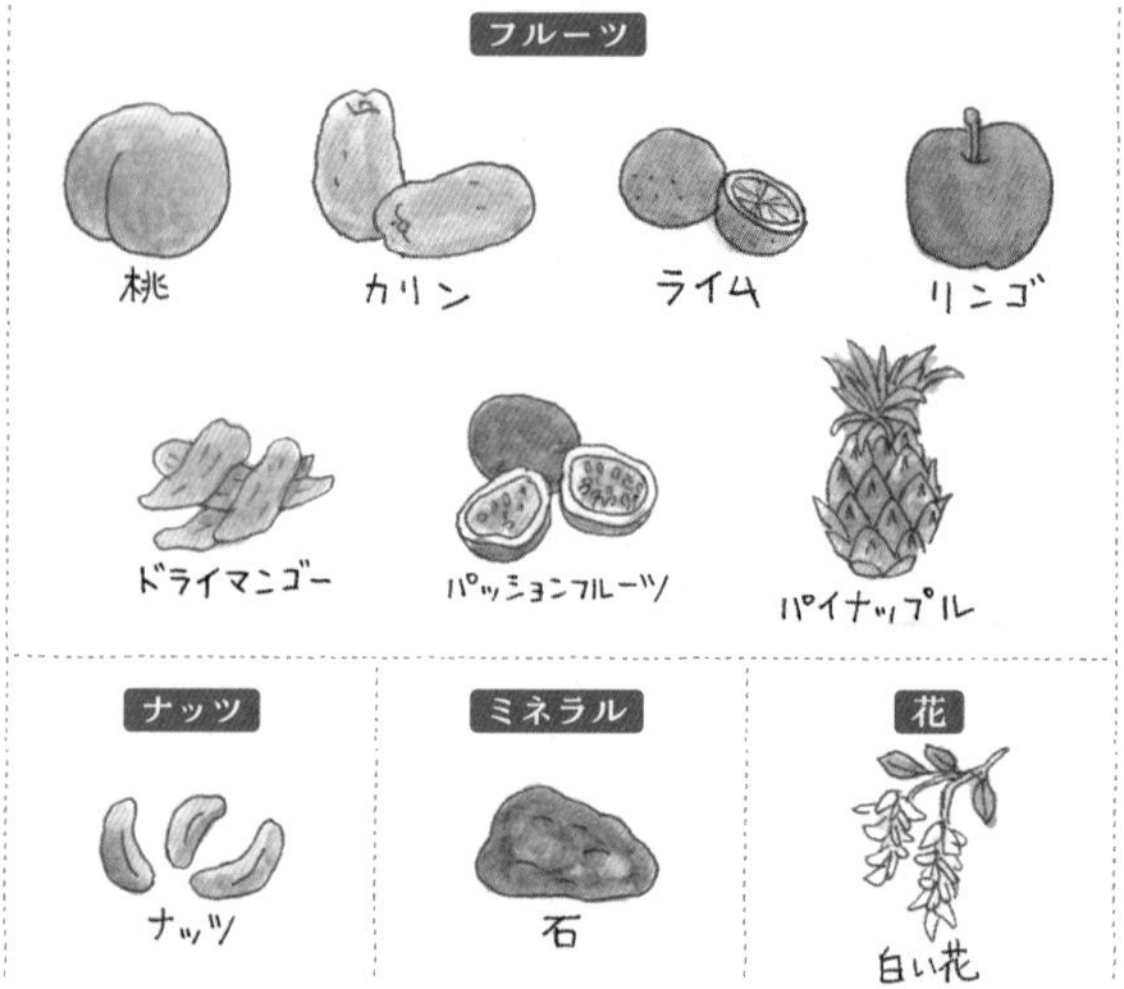

主にフランス・ロワール地方の一部で栽培されている白ワイン品種です。ロワール地方ではピノー・ド・ラ・ロワールともよばれ、辛口から貴腐ワイン、スパークリングワインまで多彩なワインが造られています。

新世界では南アフリカで広く栽培されており、スティーンの名称で親しまれていましたが、シュナン・ブランと同一であることが判明。その後は南アフリカでもシュナン・ブランとよばれるようになりました。

ロワール地方での香りはリンゴ、ライム、カリン、桃、白い花、ナッツ、石などで、豊かな酸味と爽やかな味わいが特徴です。

南アフリカでは、パイナップルやドライマンゴー、パッションフルーツなどが加わり、コクのある味わいと厚みのあるボディになります。

品種・白

# 甲州

**産地** 山梨県甲府市 など

**飲む温度** 6℃～8℃

**グラス** 縦長で口がすぼまったグラス

**相性のいい料理** 寿司、刺身 など

## 香りの種類

### 植物

芝生

### 花

白い花

### フルーツ

洋梨

青リンゴ

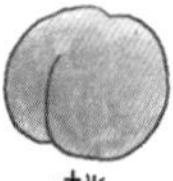

桃

レモン

グレープフルーツ

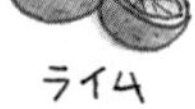

ライム

山梨県原産の日本を代表する白ワイン用品種。

日本では1000年以上前から栽培されていたという説があり、甲州という名前の通り山梨県が栽培面積、収穫量ともに最大です。

糖度が高く酸味の強いヨーロッパ系品種ヴィティス・ヴィニフェラ種に属しているものの、そのまま食べることもでき、ブドウの果皮は薄い赤紫色。

色調は淡い黄色で、香りは青リンゴ、レモン、ライム、洋梨、桃、芝生などです。

酸味は穏やかでフレッシュな味わいに加え、余韻に心地よい苦味があるのが特徴です。

とても上品な口当たり、味わいなので、寿司や刺身にも合わせることができます。

100年以上の歴史がある老舗ワイナリー「ルミエール」の**【ルミエール光 甲州】**や、日本を代表するワインとして英国紙に紹介された「中央葡萄《ぶどう》酒株式会社グレイスワイン」の**【グレイス甲州】**など、日本ワイナリーアワードの受賞ワイナリーが造る甲州ワインはどれもオススメです。

Chapter 3

# ワインはどこで造られる?

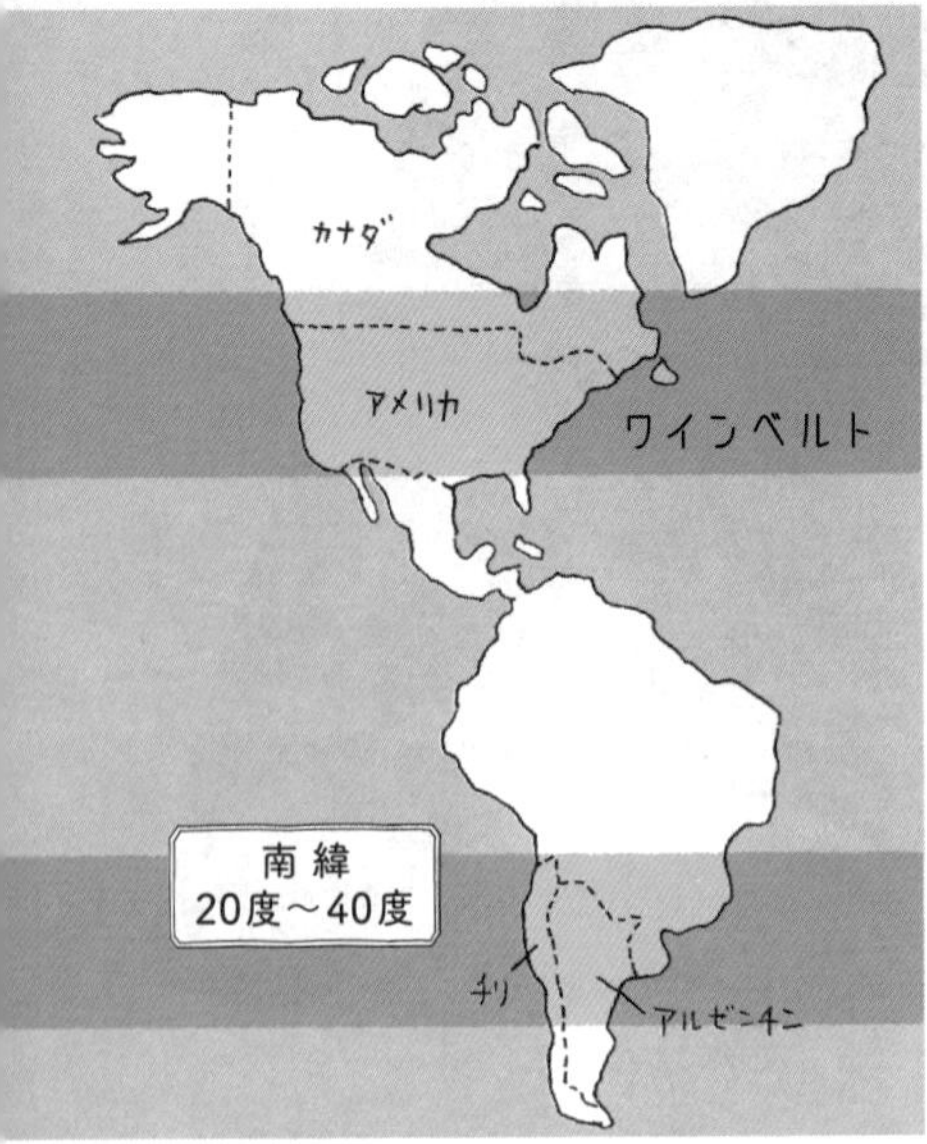


Choice

# ワインの世界地図

年間を通じた平均気温や日照時間、降水量などが品質に影響するワイン造りは、主に北緯30度〜50度、南緯20度〜40度の地域で行われており、北半球と南半球にそれぞれ帯状に広がるこのエリアは**「ワインベルト」**とよばれています。

温暖化の影響で、この範囲は今後移動していくといわれているも

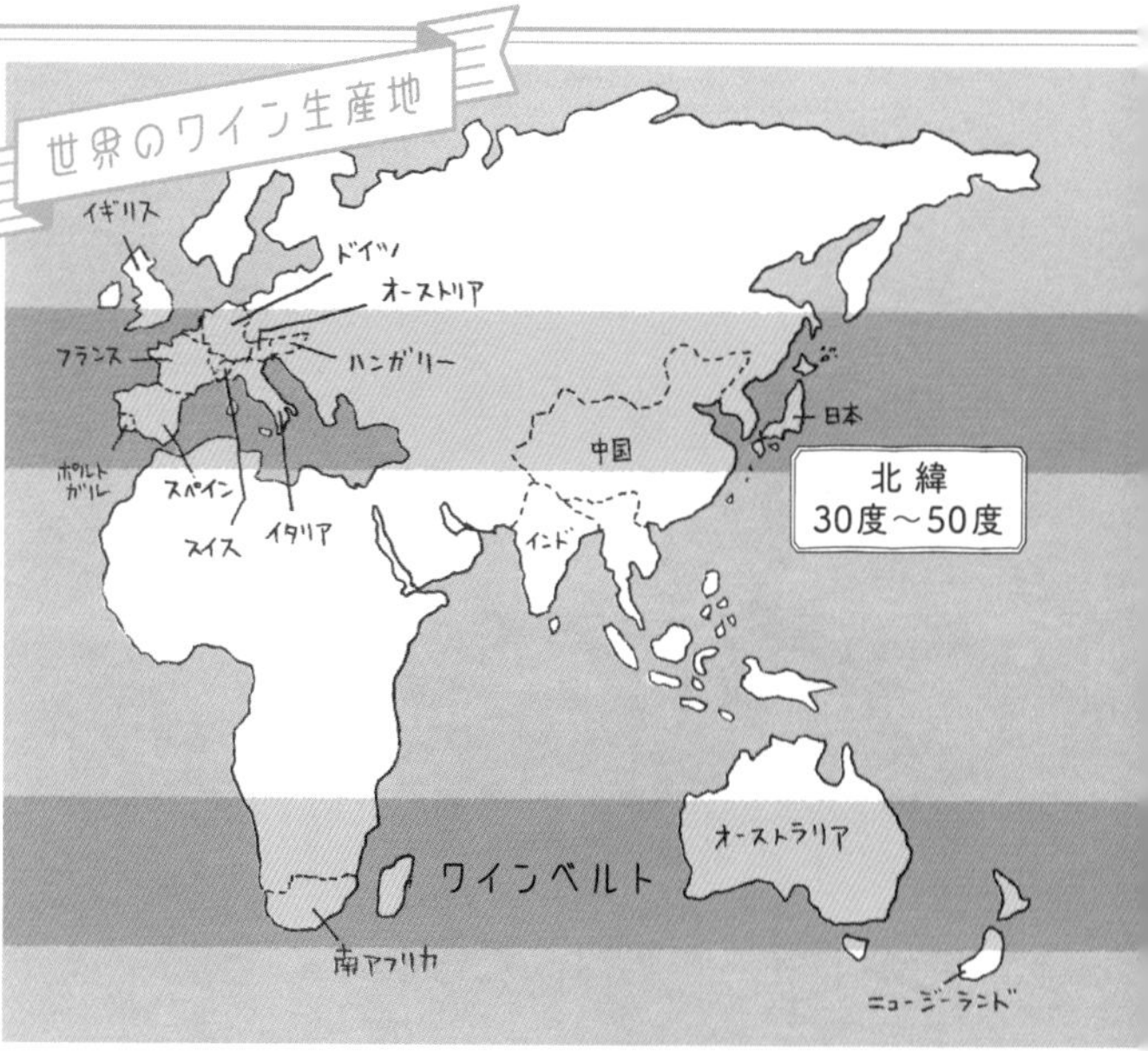


のの、世界の高品質なワイン用ブドウは、この2本のワインベルトの中で栽培されているのです。

温暖な地域では、ブドウの果皮がしっかりと色付くため、ワインの色調も濃くなります。糖度とともに発酵後のアルコール度数も高くなり、穏やかな酸味のワインが造られます。

一方、冷涼な地域では、ブドウの果皮が色付きにくいため色調は薄く、アルコール度数の低いキレのある酸味のワインになるのが一般的です。

## 厳しい土地環境が良質なブドウを育てる

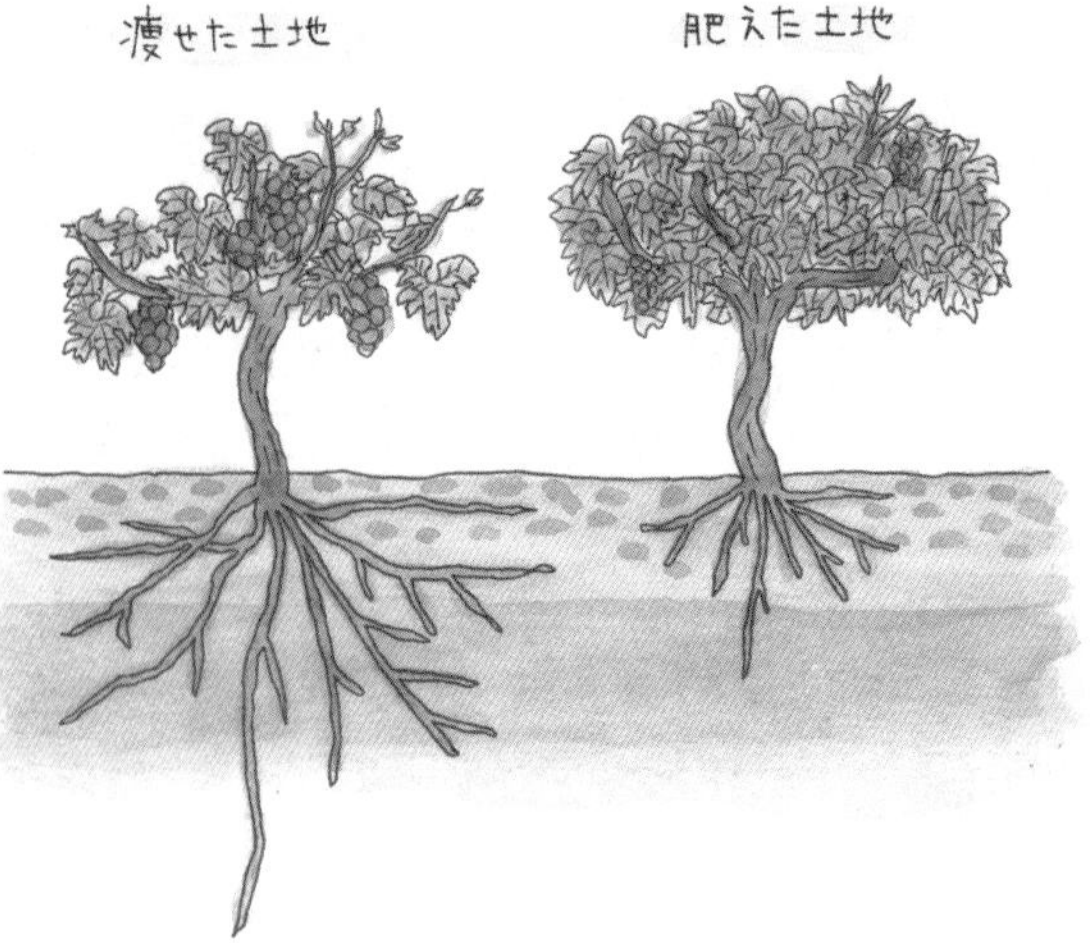


農作物の栽培には、豊かな土壌が適しているものですが、ワイン用のブドウに関してはそうではありません。肥えた土地だと、果実より枝や葉が育ってしまうからです。

ワイン用ブドウは、木が水分や養分を求めて深く根を張ることで良質な果実が生まれるため、**水はけがよく痩せた土壌が適している**のです。

そうした厳しい環境で育てられたブドウは、根から吸収した栄養をしっかりと果実に蓄積し、質の高いワインになります。

## ワイン用のブドウ栽培に適した条件

エリア…北緯30度〜50度、南緯20度〜40度
年間平均気温…10℃〜16℃
開花から収穫までの日照時間…1250時間〜1500時間
年間降水量…500㎜〜800㎜

## 北半球の主なワイン生産地

フランス、イタリア、ドイツ、ハンガリー、オーストリア、ジョージア、ポルトガル、スペイン、アメリカ、カナダ、日本

## 南半球の主なワイン生産地

オーストラリア、ニュージーランド、チリ、アルゼンチン、南アフリカ

# 11 フランス

## みんなのお手本になるリーダー的存在

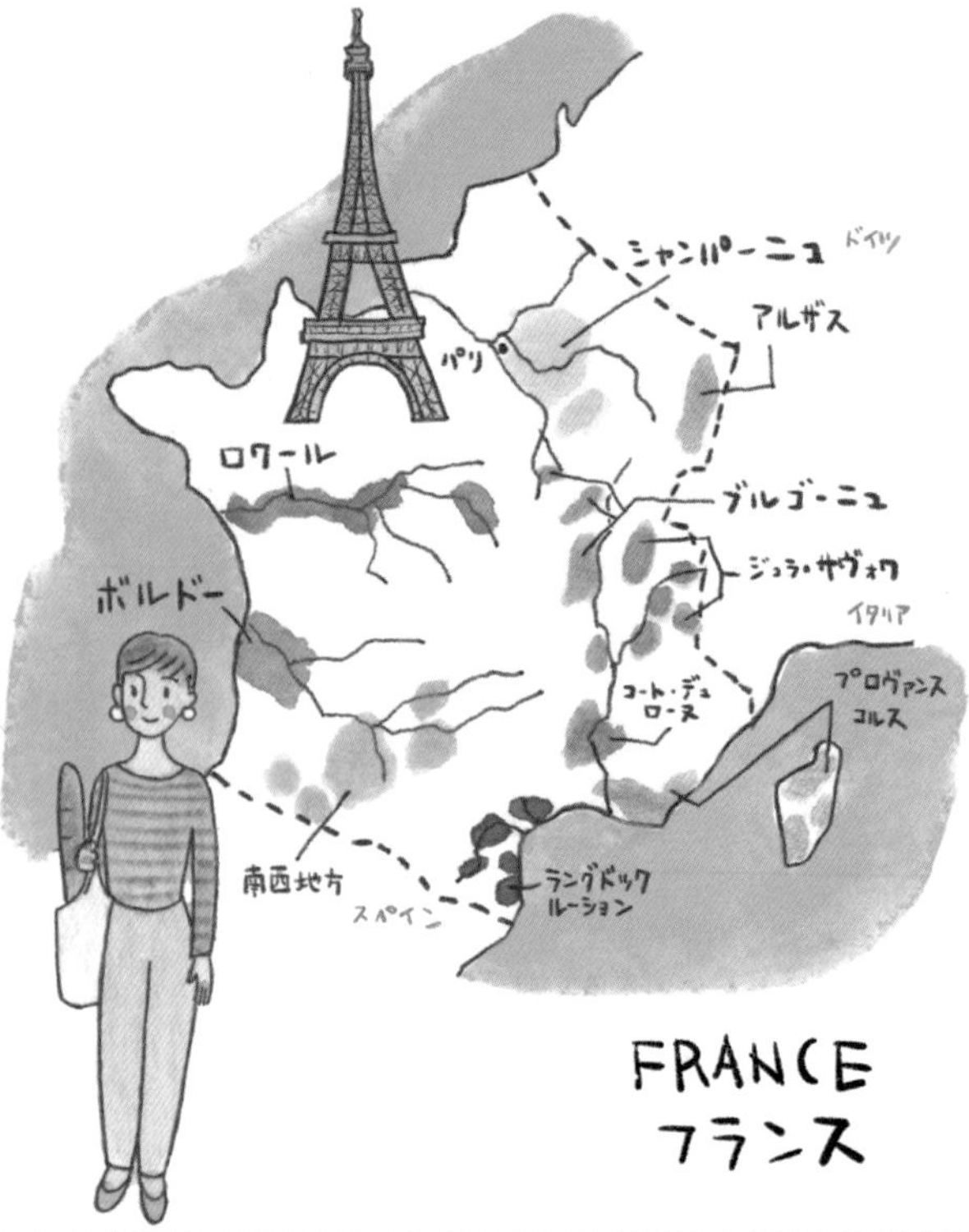

フランスは、「ボルドー」「ブルゴーニュ」「シャンパーニュ」といった名だたる銘醸地を擁する、世界有数のワイン大国です。

ワイン造りの歴史は古く、紀元前600年頃にギリシャ人によってマルセイユ地方に伝わったのが起源といわれています。

キリスト教の布教とともにフランス全土に広がり、18世紀後半には主に貴族や教会がブドウを栽培し、良質なワインを生産してきました。

ワイン産業の発展とともに低品質なワインが粗製乱造されるようになると

原料や生産地などの表示に一定の基準を設けた「ワイン法」を制定。国内で生産されるワインの品質管理を徹底してきました。

まさに、ワイン産地のお手本になるリーダー的存在といえるでしょう。

二大産地である「ボルドー」と「ブルゴーニュ」は、耳にしたことがあるという方も多いかもしれません。詳しくはそれぞれのページで解説しますが、この2つの地域の大きな違いは「歴史」と「ブレンドの可否」です。

ボルドー地方は貴族が畑を買い、ワインを製造していましたが、ブルゴーニュ地方は修道院の修道士たちがワインを造り、畑によってワインの質が変わることを発見し、高品質なワインが造られるようになりました。

またボルドー地方は品種をブレンドして製造することが許されていますが、ブルゴーニュ地方は単一の品種しか使用しません。

旧世界

フランス

# ボルドー地方

## 高級ワインを造る格式高いワイン産地

**主要品種**

赤 … カベルネ・ソーヴィニヨン、メルロー、カベルネ・フラン
白 … ソーヴィニヨン・ブラン、セミヨン、ミュスカデル

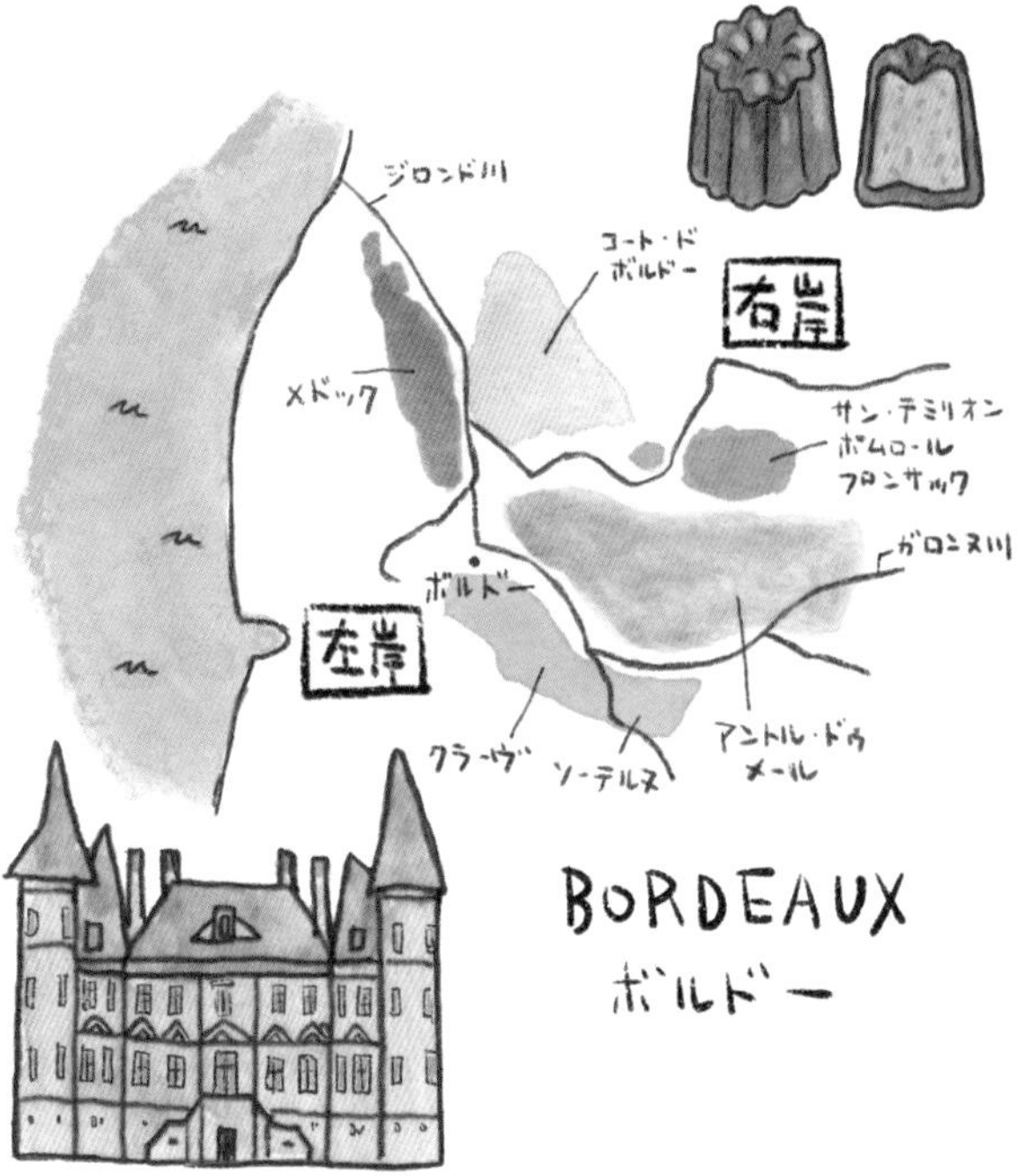

## 右岸と左岸で味が変わる

フランスの二大銘醸地の1つボルドー地方は、フランス南西部に位置し、3つの川の流域に広がるエリアです。

この川の右岸と左岸で味の傾向が変わるのも面白いところ。

例えば赤ワイン1つとっても、左岸ではカベルネ・ソーヴィニヨン主体の力強いワインが造られる一方、右岸はメルロー主体のまろやかなワインが造られます。

## ボルドーワインが有名になった理由

またボルドー地方は、大きな川や海に面しているおかげで、昔からワインの輸出も盛んに行なわれていました。

貴族によって製造、発展した上質なワインたちは、他国の貴族へと届けられたのです。ロイヤルファミリーや皇帝に愛されたことで畑はさらに潤い、人気の「高級ワイン」となりました。

## ブレンドするからこそ優雅で複雑な味わいに

製造方法の特徴でいうと、数種類の品種をブレンドするワイン造りが伝統です。ボルドー地方では赤ワインと白ワイン共に、規定で決められた品種の使用が認められています。それぞれの品種の特徴がブレンドされることによって、複雑で優雅な味わいのワインが完成します。

## まるでお城のような「シャトー」

イギリスへの輸出で栄えた裕福な貴族が広大なワイン畑を所有し、お城のような醸造所でワインを生産していたことから、そうしたワイナリーは「シャトー(城)」とよばれるようになりました。

1855年のパリ万博で、メドック地区のワイナリーについて1級から5級までの格付けが行われました。

そこで第1級と評価された4つと、1973年に1級に昇格した1つを加えた、

5つのシャトーは「ボルドー五大シャトー」とよばれます。

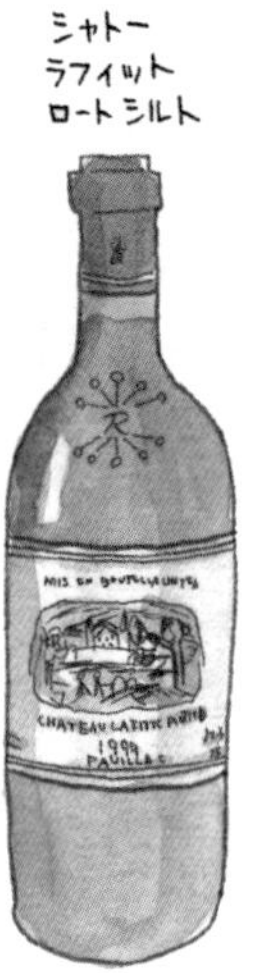

**シャトー・ラフィット・ロートシルト**

ルイ15世の愛人ポンパドゥール夫人が宮廷に持ち込みベルサイユ宮殿で飲まれたワイン。

**シャトー・マルゴー**

五大シャトーの中でも最も女性らしいといわれる。
ヘミングウェイが愛したワイン。

**シャトー・ラトゥール**

イギリスとの１００年戦争後に再建された丸い塔がシンボル。

**シャトー・オー・ブリオン**

唯一、グラーヴ地区から選ばれたワイン。

**シャトー・ムートン・ロートシルト**

遅れて１９７３年に第１級に昇格した異例のシャトー。

毎年著名な画家が描くラベルが有名。

フランス

# ブルゴーニュ地方

## 細かく分かれた畑によって様々な顔を持つ

主要品種

赤 … ピノ・ノワール、ガメイ（ボジョレー地区）

白 … シャルドネ

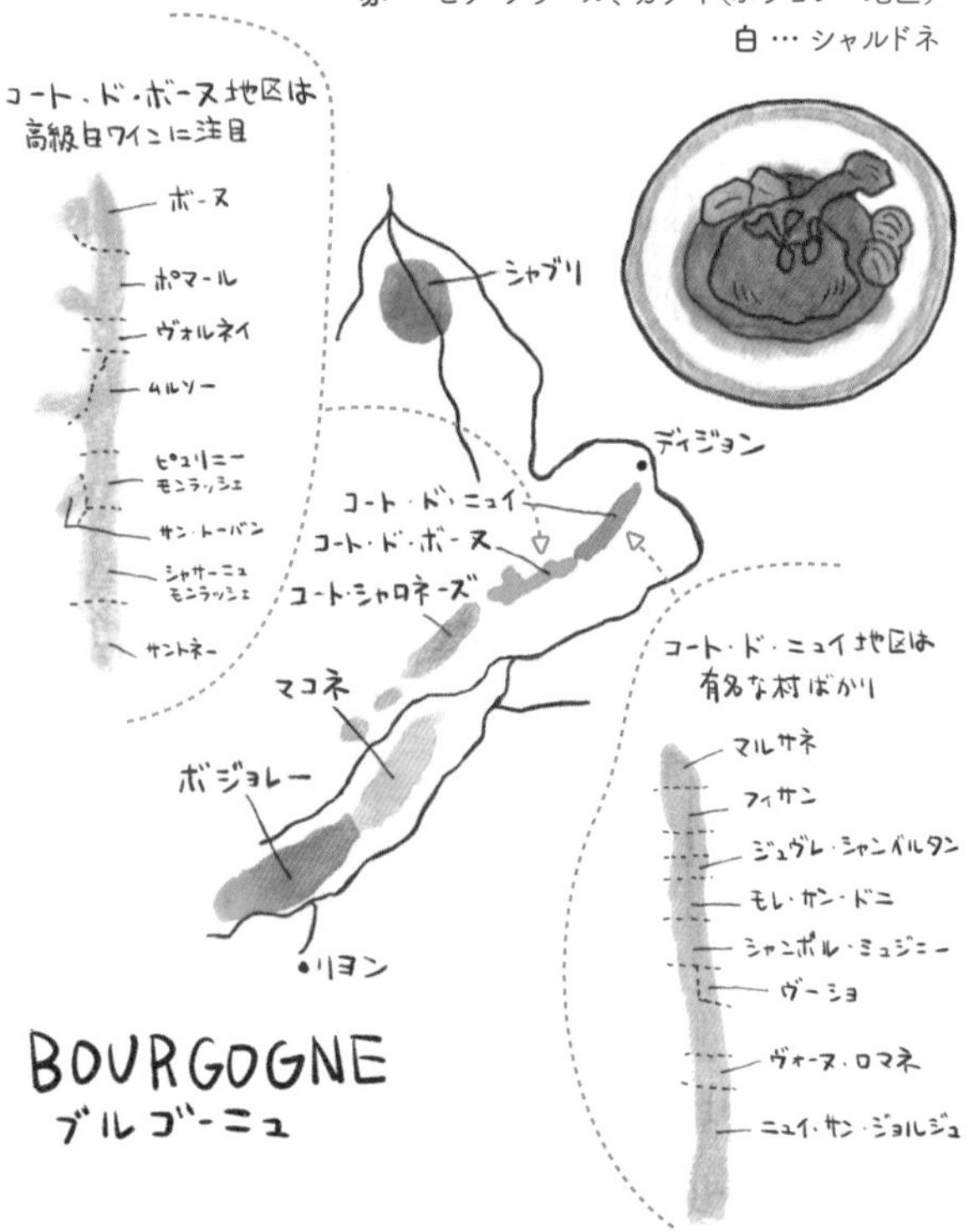

フランス東部に位置し、南北約300㎞にわたって広がる広大な生産地がブルゴーニュ地方です。ボルドー地方と肩を並べる銘醸地で、北はシャブリ地区から南はボジョレー地区まで個性豊かなワインが造られています。

ブルゴーニュ地方のワインはすべてが単一品種で、18世紀まで良質なワインのほとんどは修道院で造られていました。しかし、フランス革命で優良なブドウ畑が没収され、革命後に売却。

その後、相続や売却が繰り返された結果、畑が細分化し、現在は多くの場合、1つの畑を複数の生産者で所有しています。

## 独自に厳格な等級を採用する

ブドウ畑を所有し、栽培、醸造、瓶詰めまでを一括して行う生産者のことを、ブルゴーニュ地方では「ドメーヌ」といい、これはボルドー地方における「シャトー」にあたります。「シャトー」は地区ごとに細かな格付けがされていますが、ブルゴーニュ地方では畑ごとに4つだけの格付けがあるのみです。

また、ボルドー地方はシャトーごとに格付けされますが、ブルゴーニュ地方では畑ごとに格付けされるのも特徴です。

最上級の特級畑は「グラン・クリュ」、その次の1級畑は「プルミエ・クリュ」とよばれ、徐々に範囲が広がり、畑↓村↓地区↓地方名になります。世界的に有名な【ロマネ・コンティ】はもちろん、「グラン・クリュ」です。

**格上（範囲が狭い）**

特急畑グラン・クリュ（Grand Cru）「ロマネ・コンティ」
一級畑プルミエ・クリュ（Premier Cru）「レ・スショ」
村名「ヴォーヌ・ロマネ」
地区名「コート・ド・ニュイ」
地方名「ブルゴーニュ」

⟺

**格下（範囲が広い）**

旧世界

フランス

# シャンパーニュ地方

「ドンペリ」「シャンパン」で世界を席巻

主要品種

赤 … ピノ・ノワール、ピノ・ムニエ
白 … シャルドネ

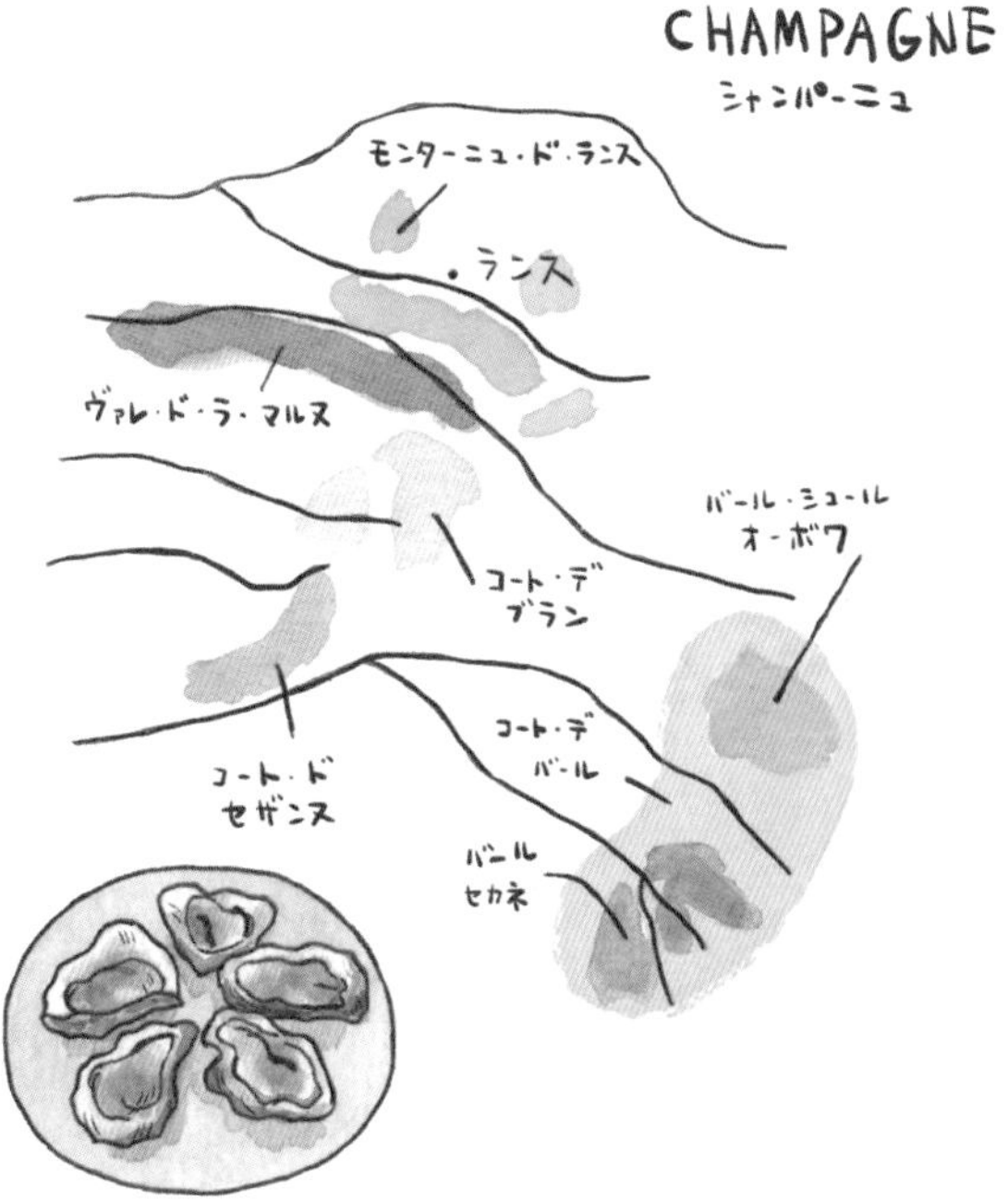

北東部に位置するフランス最北の産地で、生産量の90％以上が発泡酒です。気候のせいで、瓶詰めされたワインが泡立ってしまうのが、長年の悩みでした。しかし、17世紀に修道士ドン・ペリニヨンが泡を活かしたワインを造り始めたのが、発泡酒の始まりといわれています。

「シャンパーニュ（シャンパン）」というよび名は、この地方で栽培されたブドウをブレンドし、瓶内二次発酵で造られた発泡酒のみを指し、それ以外の産地で造られたフランスの発泡酒は「ヴァン・ムスー」とよびます。こうして厳しい条件をクリアしたものだけが、「シャンパーニュ」を名乗れるのです。

ブレンドされる品種はピノ・ノワール、ピノ・ムニエ、シャルドネの3種類。白ブドウのシャルドネだけで造られたものは「ブラン・ド・ブラン」で、黒ブドウのピノ・ノワール、ピノ・ムニエだけで造られたものは「ブラン・ド・ノワール」です。

品質を安定させる目的で、収穫年の違うワインをブレンドすることが多く、そのため基本的にラベルにヴィンテージ（年代）は記載しません。反面、ラベル

に収穫年の記載があるものは、「ヴィンテージ・シャンパーニュ」や「ミレジム」とよばれ、いい年だったことの証しになります。

## 「ドンペリ」「モエシャン」も同じメーカー

シャンパーニュではブドウの栽培を農家が行い、ワインを醸造・販売はメゾンとよばれる生産者が行う、分業制が一般的です。その中で特に有名なメゾンが、モエヘネシーディアジオ（MHD）。あの**【ドン・ペリニヨン】**や**【モエ・エ・シャンドン】【クリュッグ】**などの超有名ブランドワインを生産しています。

## シャンパンメーカーの業態

**N.M.**　ネゴシアン・マニピュラン

ブドウを外部の農家から買い付ける
醸造から瓶詰めまでは自社

ドン・ペリニヨン
モエ・エ・シャンドンなど　　大手メーカー

**R.M.**　レコルタン・マニピュラン

自社の畑で栽培されたブドウを使う
小さなメーカー

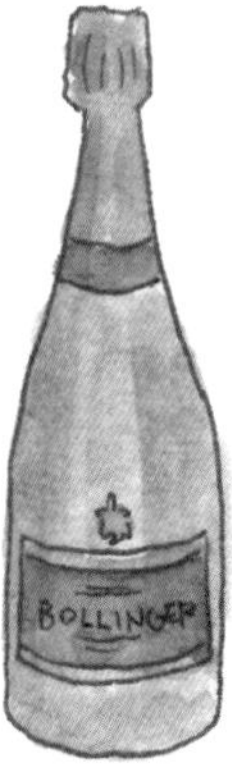


小さく表記されているので
要チェック！
パーティーなら N.M.
ワイン通の人には R.M. など

旧世界

フランス

# ロワール地方

## 「庭園」で造られる爽やかなワインが人気

**主要品種**

赤…カベルネ・フラン

白…ミュスカデル、ソーヴィニヨン・ブラン、シュナン・ブラン

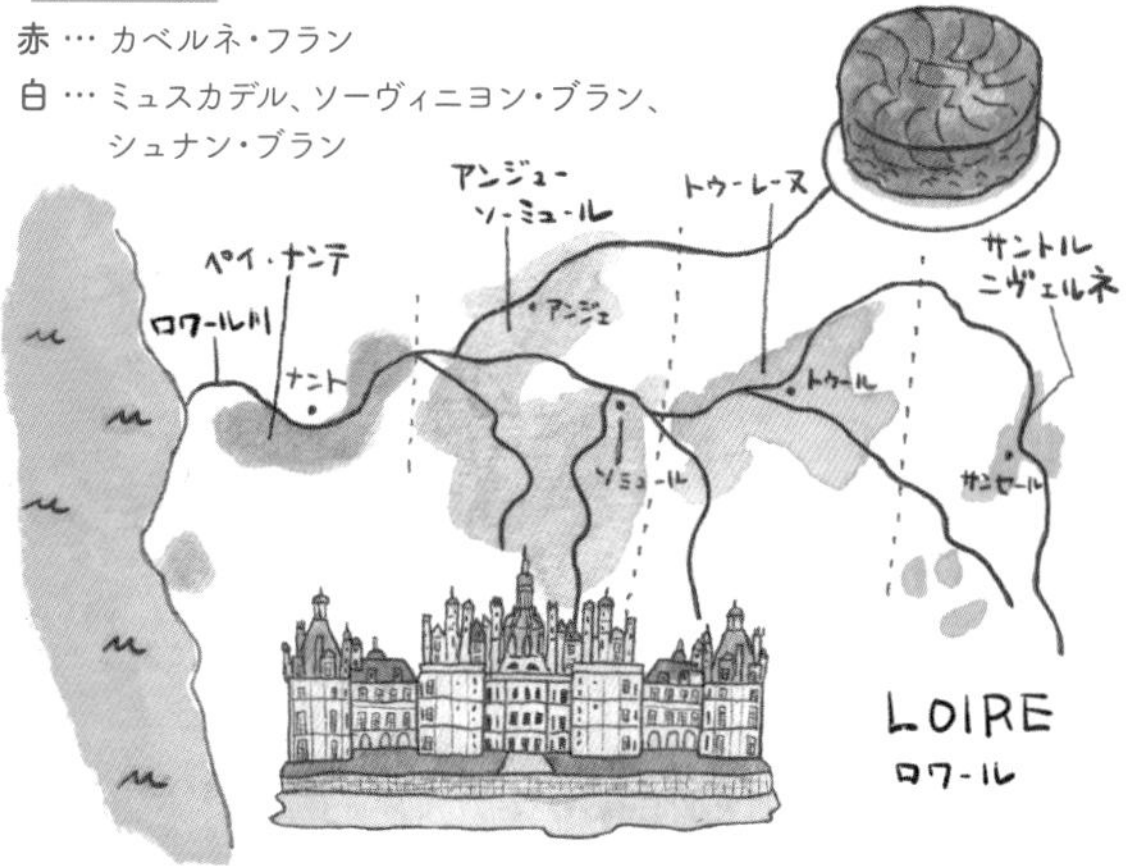


フランス北西部、全長1000キロにわたるフランス最長のロワール川流域の産地です。温暖な気候に中世の古城が立ち並び「フランスの庭園」とよばれる観光地でもあります。

フランスでも北部に位置し、酸味のしっかりした爽やかなワインが多いのが特徴です。大きく4つの地区に分けられ、それぞれの地区で個性豊かなワインが造られています。

旧世界

フランス

# コート・デュ・ローヌ地方

## 南フランスを代表するワイン生産地

主要品種

赤 … シラー

白 … ヴィオニエ、マルサンヌ、ルーサンヌ

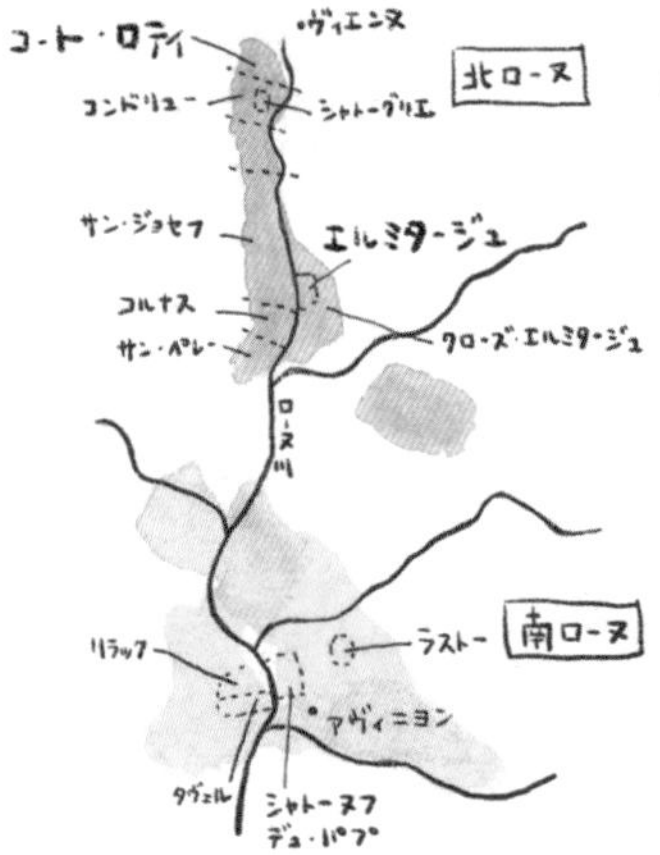


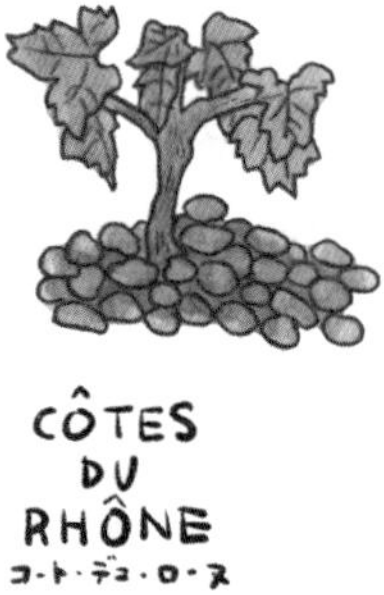


フランス南東部にあり、ローヌ川両岸にわたる南北200㎞の産地で、フランスでもボルドー地方に次ぐ生産量を誇る地域です。

北部と南部に分かれ、特に【コート・ロティ】や【エルミタージュ】など、北部で造られた良質なワインが有名。

地域によっては、赤ワインと白ワインをブレンドすることもあります。

南ローヌのころころとした小石の土壌も特徴的です。

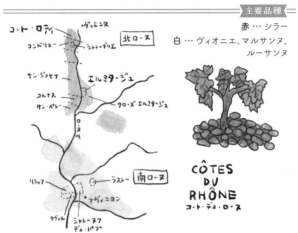

旧世界

フランス

# アルザス地方

## ライン川沿いに広がる白ワインの聖地

主要品種

赤…ピノ・ノワール

白…リースリング、ゲヴュルツトラミネール、ピノ・グリ

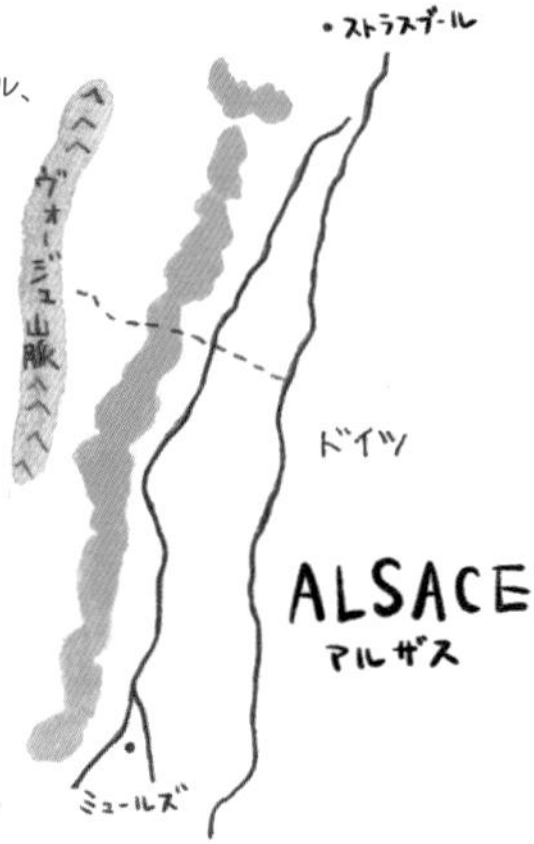


降水量が少なく日照量は多い半大陸性気候は、白ワイン造りに適しています。ドイツに近く、リースリングやゲヴュルツトラミネールといった白ワイン品種を使った単一品種ワインが主流。

ボトルの形状もドイツと同じフルート型が使われています。どことなくドイツワインと似ているようですが、ドイツは甘口、アルザス地方は辛口が主体です。

旧世界

# イタリア

## 土着品種が豊かな個性を生み出す

**主要品種**

赤 … サンジョヴェーゼ、モンテプルチアーノ、ネッビオーロ

白 … トレッビアーノ、モスカート・ビアンコ、ガルガーネガ

夏は日差しが強く、冬でも一定の降水量があり、イタリアは20あるすべての州でワインが造られています。

歴史は古く、その起源は古代ローマ時代。中世から19世紀まで小国に分裂していた歴史もあり、各州でバラエティ豊かなワインが造られています。

生産されるブドウは土着品種が多く、EUが承認しているだけでも400種類以上。イタリアは、覚えるには品種も生産地域も多すぎるくらいです……（笑）。勉強するとなると、ちょっと難しい国ですが、バラエティ豊かなイタリアワインの中から、特にオススメしたい4つを紹介したいと思います。

## ピエモンテ州のワイン

### バローロ

「ワインの王であり、王のワインである」といわれるイタリア随一の赤ワイン。イタリアでよく栽培される黒ブドウ・ネッビオーロ単一品種で造られます。熟成期間は3年、うち2年は木樽熟成することが決められている長期熟成型ワイン。

重厚で複雑な味わいが魅力です。
出荷されたあともさらに4～5年寝かせなくては、真の味にはならないといわれています。

**バルバレスコ**

ネッビオーロ単一品種で造られるワイン。**【バローロ】**と双璧をなすことから「女王のワイン」とも。**【バローロ】**よりも熟成期間が短く、エレガントな味わいが人気です。

## トスカーナ州のワイン

**キャンティ・クラシコ**

イタリア全土で生産が盛んな黒ブドウ・サ

ンジョヴェーゼ種で造られた赤ワイン。

このワインが広く人気を集めすぎたせいで、周辺の土地もキャンティと名乗り始めてしまいました。そこで古くから栽培されているエリアは、差別化を図るために【キャンティ・クラシコ】という呼称を使っています。

## ブルネッロ・ディ・モンタルチーノ

【バローロ】【バルバレスコ】と並ぶイタリア三大ワインとして有名です。

熟成期間は最低4年、そのうち木樽熟成期間が2年という決まりがある長期熟成型。

豊かな果実味とまろやかな口当たりが特徴の素晴らしいワインです。

# スペイン

## ワインの生産規模は世界トップクラス

**主要品種**

赤 … テンプラニーリョ、グルナッシュ、カリニェーナ、カベルネ・ソーヴィニヨン

白 … マカベオ、チャレッロ、パレリャーダ、パロミノ、ソーヴィニヨン・ブラン

イベリア半島にあるスペインは、その恵まれた環境からブドウ栽培が盛んで、栽培面積とワイン生産量は世界トップクラスです。

特に中部の高原地帯ラ・マンチャは、スペイン全体の約50％の生産量を占めます。

また、フランス・ボルドー地方から醸造技術を取り入れ、高品質なワインが造られているのが北部のリオハです。

「リオハ」はオハ川という意味の「リオ・オハ」から名付けられており、エブロ川上流域の山脈に囲まれた盆地です。天候に恵まれた丘陵《きゅうりょう》地の斜面で栽培されるブドウから、高品質のワインが造られています。

3つの地域に分けられ、それぞれ標高や土壌が違うので味も様々ですが、使われる品種は主に「テンプラニーリョ」です。

「テンプラニーリョ」は黒ブドウで、スペイン全土で栽培されています。果実味があり、濃厚ながら、酸味もありバランスのいい味わいです。

標高と土壌で3地区に分けられているリオハ

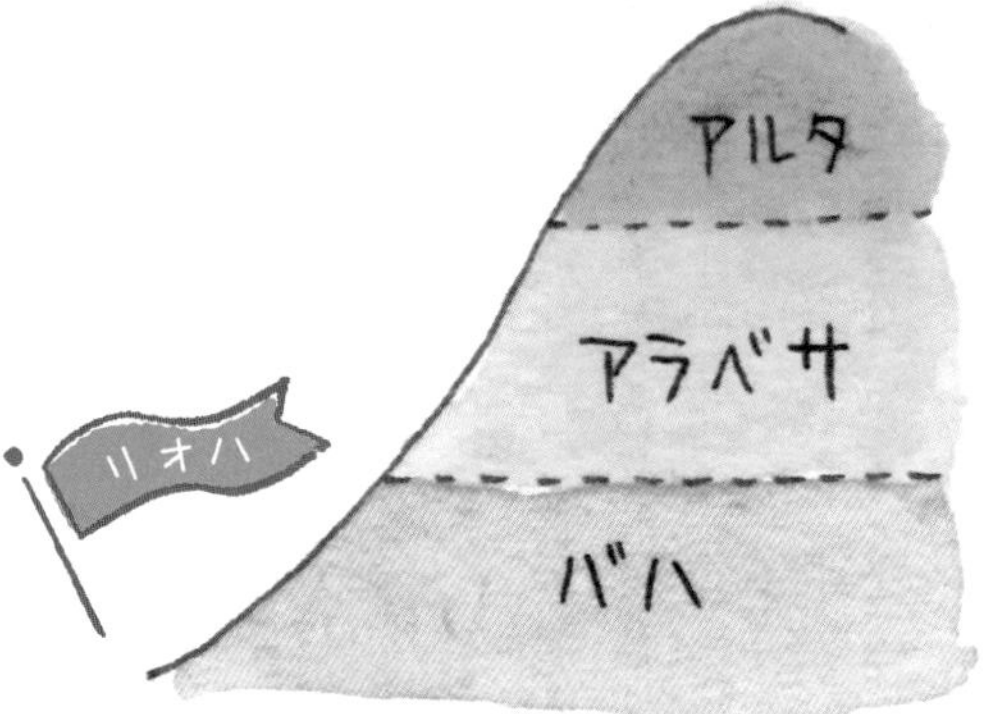


## 銘醸地リオハの3つの地区

**リオハ・アルタ**

エブロ川上流。長期熟成に向いた上質なワインが生産されている。

**リオハ・アラベサ**

エブロ川北岸。早飲みタイプから熟成タイプまで幅広い。

**リオハ・バハ**

エブロ川下流。厳しい環境で栽培されたブドウで生産されるワインは、アルコール度数の高い赤ワインやロゼワインが主流。

### シャンパンにも負けない発泡酒「カヴァ」

スパークリングワイン**【カヴァ】**はシャンパーニュの瓶内二次発酵方式を見習って造られています。質は高いのに、リーズナブルな価格で買えるのでおうち飲みにもピッタリ。スペイン料理といっしょに楽しみたくなります。

### 超あま〜いのも辛口もある「シェリー」

シェリーとはアルコールが強化された酒精強化ワイン。酒精強化ワインとは、後からアルコールを添加したワインのこと。

シェリーは保存性が高く、大航海時代に船での輸出交易品として発展しました。スペインや南アフリカなどで栽培されるパロミノ種で造られた辛口から、ペドロ・ヒメネス種で造られた極甘口まで、個性豊かなラインナップが魅力です。

旧世界

# ドイツ

## 寒冷な気候を活かした高品質な白ワインが魅力

主要品種

赤 … シュペート・ブルグンダー（ピノ・ノワール）、ドルンフェルダー

白 … リースリング、ゲヴュルツトラミネール、シルヴァネール、ミュラー・トゥルガウ

ワイン産地の中で、最も北限にあるドイツ。

寒冷な土地ですが、川沿い南向きの急斜面に畑を開拓し、川に反射する太陽光を集めるなど様々な工夫を凝らしたブドウ栽培が行われています。また、蓄熱と放熱に優れた土壌はブドウの育成に適しており、主に単一品種の白ワインが造られています。

赤ワインを造るのは日照量などの問題から難しいとされていましたが、フランスのブルゴーニュ地方の主要品種ピノ・ノワールはドイツでシュペートブルグンダーとよばれ、人気を博しています。

ドイツワインの格付けは大きく4つに分けられ、糖度が基準になっているのが特徴です（最上級がＱｍＰ）。また、それとは別に「トロッケン（Ｔｒｏｃｋｅｎ）」といった辛口の度合いを示す表示があるのも面白いところ。

甘口白ワインのイメージが強いドイツですが、辛口は果実味がありキレのある酸味で食事との相性がよくオススメです。

## 最上級QmPの6つの分類

**格上（甘）**…トロッケン・ベーレン・アウスレーゼ…貴腐ブドウで造ったワイン
アイスヴァイン…凍ったブドウで造ったワイン
ベーレン・アウスレーゼ…貴腐、完熟ブドウで造ったワイン
アウスレーゼ…完熟ブドウの房を選んで造ったワイン
シュペトレーゼ…遅摘みブドウで造ったワイン
**格下（辛）**…カビネット…通常の収穫で造ったワイン

## 個性溢れる各地のワイン生産地

**モーゼル**…モーゼル川沿いの産地で、栽培面積の約40％以上が30度以上の斜面畑です。リースリング種で造られるワインが多く、「ベルンカステラー・ドクトール（医者）」という有名なブドウ畑があります。

ドイツは、こうした面白い名前の畑が多いのも特徴です。

**ラインガウ**…銘醸地として知られるライン川流域の産地で、こちらも主にリースリング種のワインが主流です。修道院で造られていた歴史があり、今でも最高級ワインが生産されています。ブドウ畑では「シュロス・ヨハニスベルク（ヨハニスベルク城）」が有名です。

**フランケン**…マイン川とその支流の産地。良質なシルヴァーナー種の辛口ワインが造られています。格付けの上位2位以上は「ボックスボイテル」という丸く平たい瓶に詰められているのが特徴。ブドウ畑は「ヴュルツブルガー・シュタイン（石）」が有名です。

**ファルツ**…ドイツ最大の赤ワイン生産地です。日照量などの問題から色付きが悪く良質なブドウ栽培は難しいとされていましたが、近年、シュペート・ブルグンダー（ピノ・ノワール）という品種で、品質の高い赤ワインが造られています。

新世界

# アメリカ

## 害虫に禁酒法…苦難の時代を乗り越えて一大産地へ

主要品種

赤 … ジンファンデル、カベルネ・ソーヴィニヨン、ピノ・ノワール、シラー

白 … シャルドネ、ソーヴィニヨン・ブラン

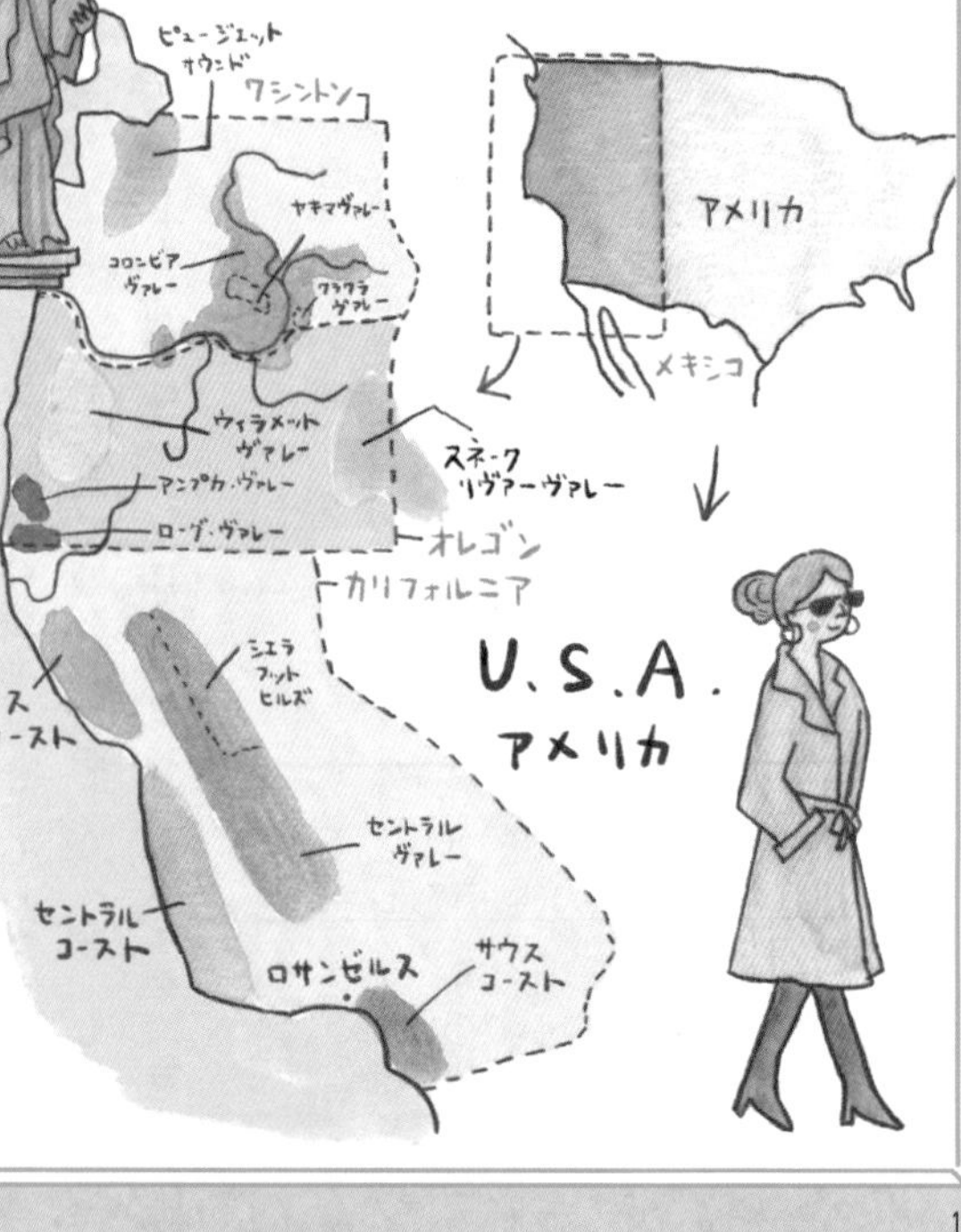

アメリカのワイン造りは開拓時代から広がりました。しかし1870年代には害虫被害を受け、1920年~1933年にかけては禁酒法の影響で大きな打撃を受けました。

その後カリフォルニア大学で研究されていた栽培、醸造技術を使い、カリフォルニアを中心にワイン造りが復興。ワイン造りを科学的に分析するなんて、さすがアメリカという感じです。ワイン畑を3D化して水はけや日照時間を解析したり、NASAの人工衛星を使ったりしているとも聞きます。そういった新しい試みをできるのは、ルールに厳しくない「新世界」ならではですね。

紆余曲折しながらおいしいワインを追求したアメリカは、今では世界4位のワイン生産国です。ワイン愛好家たちから、格下に見られていた「新世界」でしたが、アメリカワインが有名になると、その評価も変わっていきました。

1960年代、のちに「カリフォルニアワインの父」とよばれるロバート・モンダヴィ氏が造るフランス品種の良質なワインの登場を契機に、ブティックワイナリーとよばれる少量の高品質なワインを造る生産者が数多く誕生しました。

そんなモンダヴィさんはあの有名高級ワイン**【オーパス・ワン】**をロートシルト男爵と一緒に造ったことでも知られています。

**【オーパス・ワン】**は、世界中のワイン愛好家を虜にしたワインです。

ボリューミーでわかりやすいワインを飲みたいときにはアメリカ産ワインを選ぶといいでしょう。「今日は外でＢＢＱ！」なんて日にぴったりです。

ちなみに、アメリカは単一品種で造られるワインが多く、ラベルにも使われている品種を表記するのが一般的です。

## ◈アメリカの主なワイン生産地

**カリフォルニア**…カリフォルニア州北部の海岸地域であるノースコーストには、ナパやソノマといった重要なワイン産地があります。山と湾に囲まれ、寒暖差が大きい冷涼な気候が特徴です。

カベルネ・ソーヴィニヨンやシャルドネといった、フランス品種が多く栽培され、良質なワインが多数造られています。

**オレゴン**…アメリカ産ワインの9割がカリフォルニアで造られていますが、カリフォルニア州の北に位置するオレゴン州も人気の産地の1つです。

かつてフランスのブルゴーニュ地方から持ってきたピノ・ノワールが主要品種になっています。ピノ・ノワールといえば、華やかで複雑な香りですが、オレゴン州のピノ・ノワールはアメリカナイズされてまた違った味わいになります。

ブルゴーニュ地方とオレゴン州で飲み比べしても面白いですよ。

# オーストラリア

## シラーズで知られる南半球の一大産地

主要品種

赤 … シラーズ、カベルネ・ソーヴィニヨン、メルロー

白 … シャルドネ、セミヨン、ソーヴィニヨン・ブラン

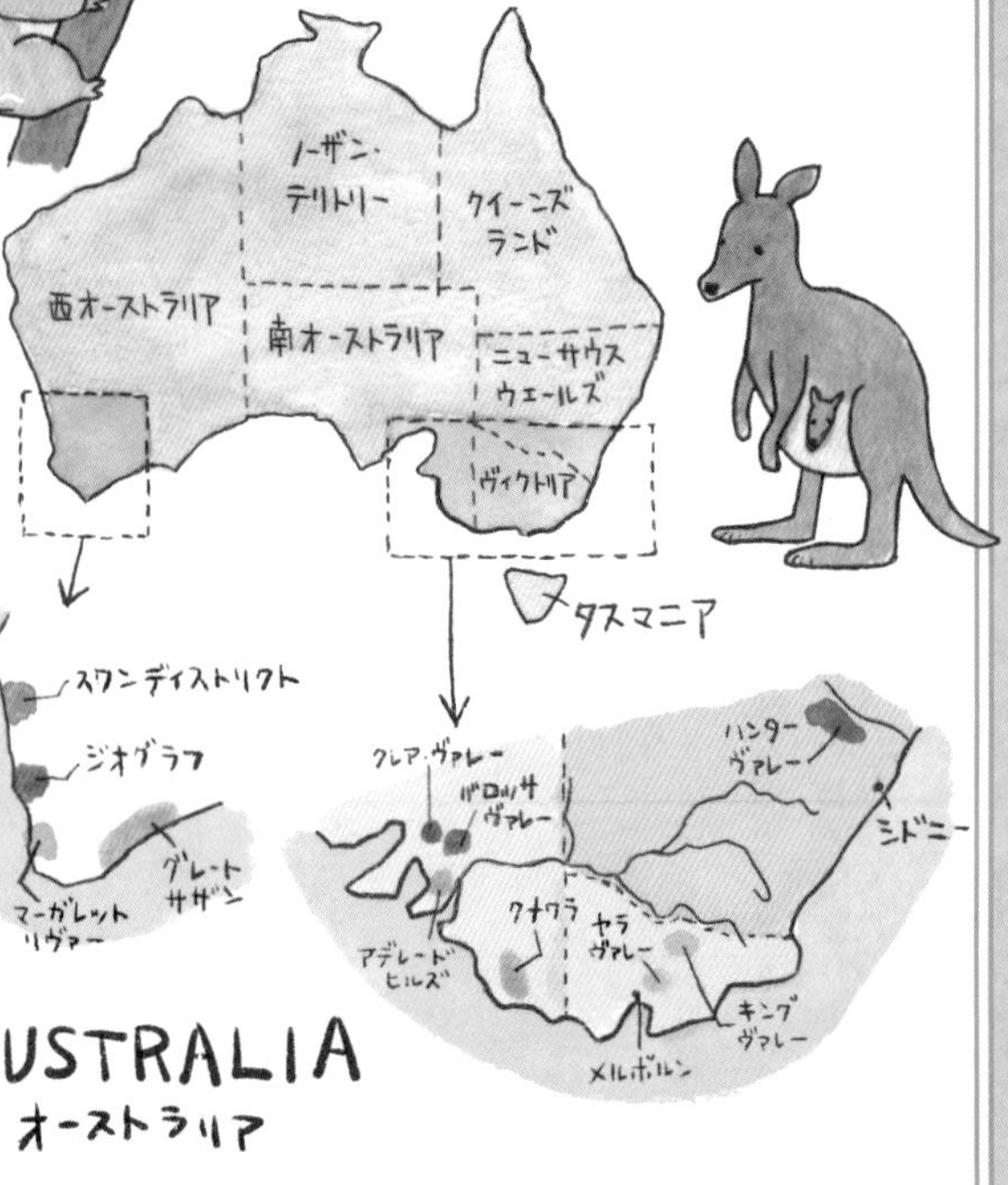

## 今では新世界を牽引《けんいん》する存在に

オーストラリアでのワイン造りの歴史は、1788年にイギリス海軍のアーサー・フィリップがシドニーにブドウを植樹したのが始まりです。

広大な国土の中でワイン産地は南緯30度以南に限られますが、気候と土壌はブドウの栽培に適しており、特に赤ワイン品種のシラーズは高品質で国を代表する品種です。

南オーストラリア州のバロッサ・ヴァレーは最高級シラーズの産地として知られ、フルボディの力強い赤ワインが造られています。

また、ビクトリア州ヤラ・ヴァレーは最高級ピノ・ノワールの産地。

ここではシャンパーニュの有名ブランドであるモエ・エ・シャンドンがワイナリーを設立し、瓶内二次発酵方式によるスパークリングワインを生産しています。

# ニュージーランド

## ソーヴィニヨン・ブランが世界的な評価を獲得

主要品種

赤 … ピノ・ノワール、メルロー

白 … ソーヴィニヨン・ブラン、シャルドネ、ピノ・グリ

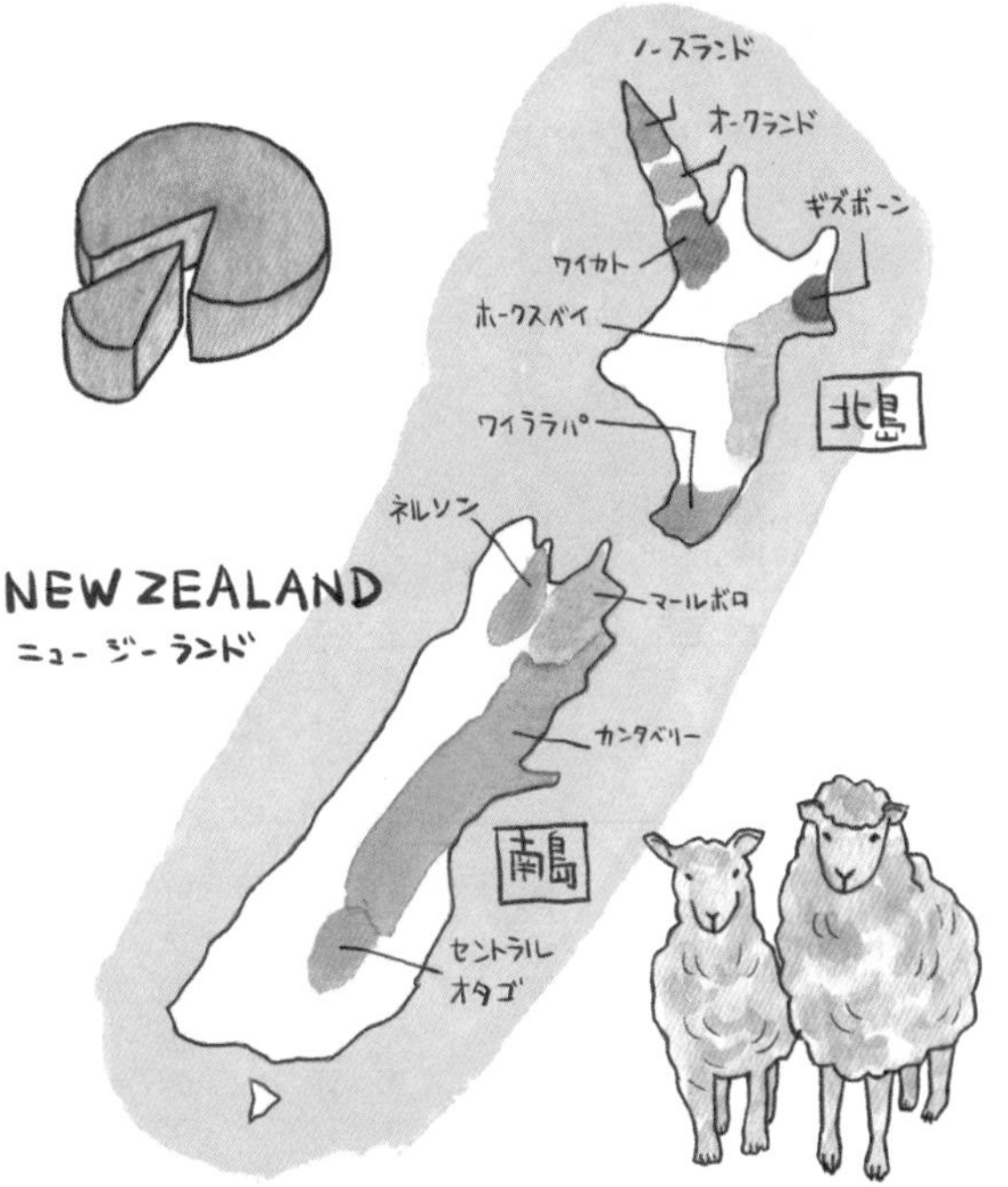

## 約9割のボトルでスクリューキャップを採用

ニュージーランドは、北島、南島に合わせて10の主要なワイン産地があります。ワイン造りは19世紀から始まりましたが、生産規模が拡大したのはここ30年の話です。

冷涼な気候から「南半球のドイツ」と称され、酸味のあるワインが特徴。白ワイン造りは当初リースリングが主流でしたが、1980年代後半からソーヴィニヨン・ブランの品質が向上し、現在では全輸出量の約80％を占めるほどの主要品種になりました。

特に、南島のマールボロは、寒暖差が大きく水はけがいい土壌がワイン造りに適しており、そこで生産されるソーヴィニヨン・ブランを使った白ワインは国際的に評価されています。

機能性に優れたスクリューキャップのボトルをいち早く取り入れ、現在では、同国のワインの約9割がスクリューキャップを採用しています。

# チリ

## フランスの香りを残す南米のワイン産地

主要品種

赤 … カベルネ・ソーヴィニヨン、メルロー、カルメネーレ、シラー
白 … ソーヴィニヨン・ブラン、シャルドネ、セミヨン

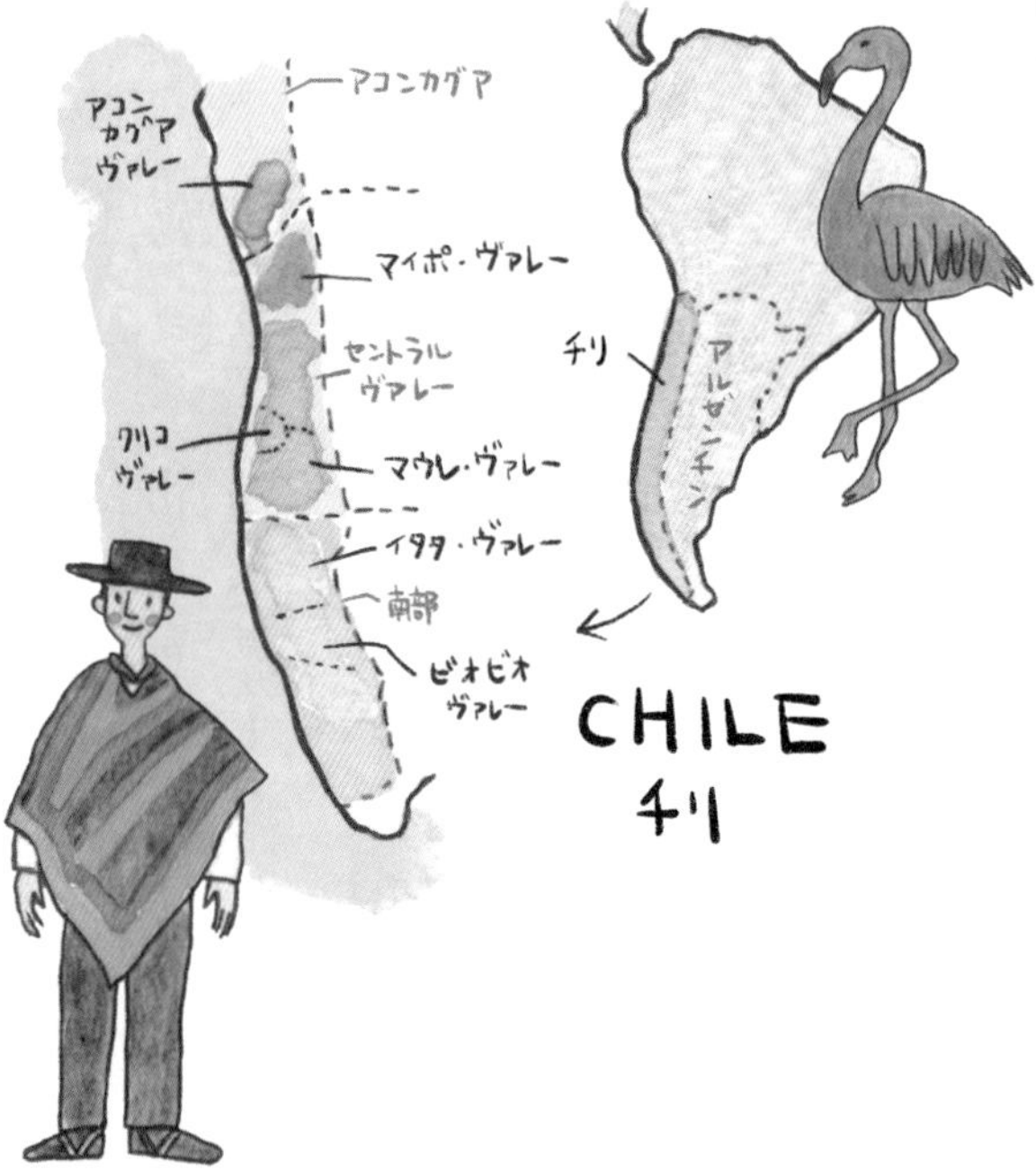

## 害虫被害を免れた国

19世紀中頃にフランスから高級ブドウの苗を輸入し、本格的なワイン造りが始まりました。

海と山に挟まれ、地理的に周辺国から遮られた環境にあるため、ヨーロッパやアメリカを襲った害虫被害を免れ、今も一般的な害虫対策である「接ぎ木」をしていないブドウの木が植えられています。

またこの害虫被害の影響で、ヨーロッパの栽培家や醸造家がチリに移住してきた経緯があり、新世界の中でもフランス的なワインを造る国として知られています。特にマイポ・ヴァレーは、ボルドー品種が有名な産地です。

五大シャトーの1つ**【シャトー・ムートン・ロートシルト】**を擁するバロン・フィリップ・ド・ロートシルトと、チリの有名ワイナリーであるコンチャ・イ・トロの共同ワイナリー「アルマヴィーヴァ」で造るワインはナパ・ヴァレーの**【オーパス・ワン】**の成功例に続き、世界的に高い評価を受けています。

# 南アフリカ

## 良質で低価格なワインが世界で人気

主要品種

赤… カベルネ・ソーヴィニヨン、シラー、ピノタージュ（ピノ・ノワール×サンソー）

白… シュナン・ブラン（スティーン）、コロンバール、ケープ・リースリング

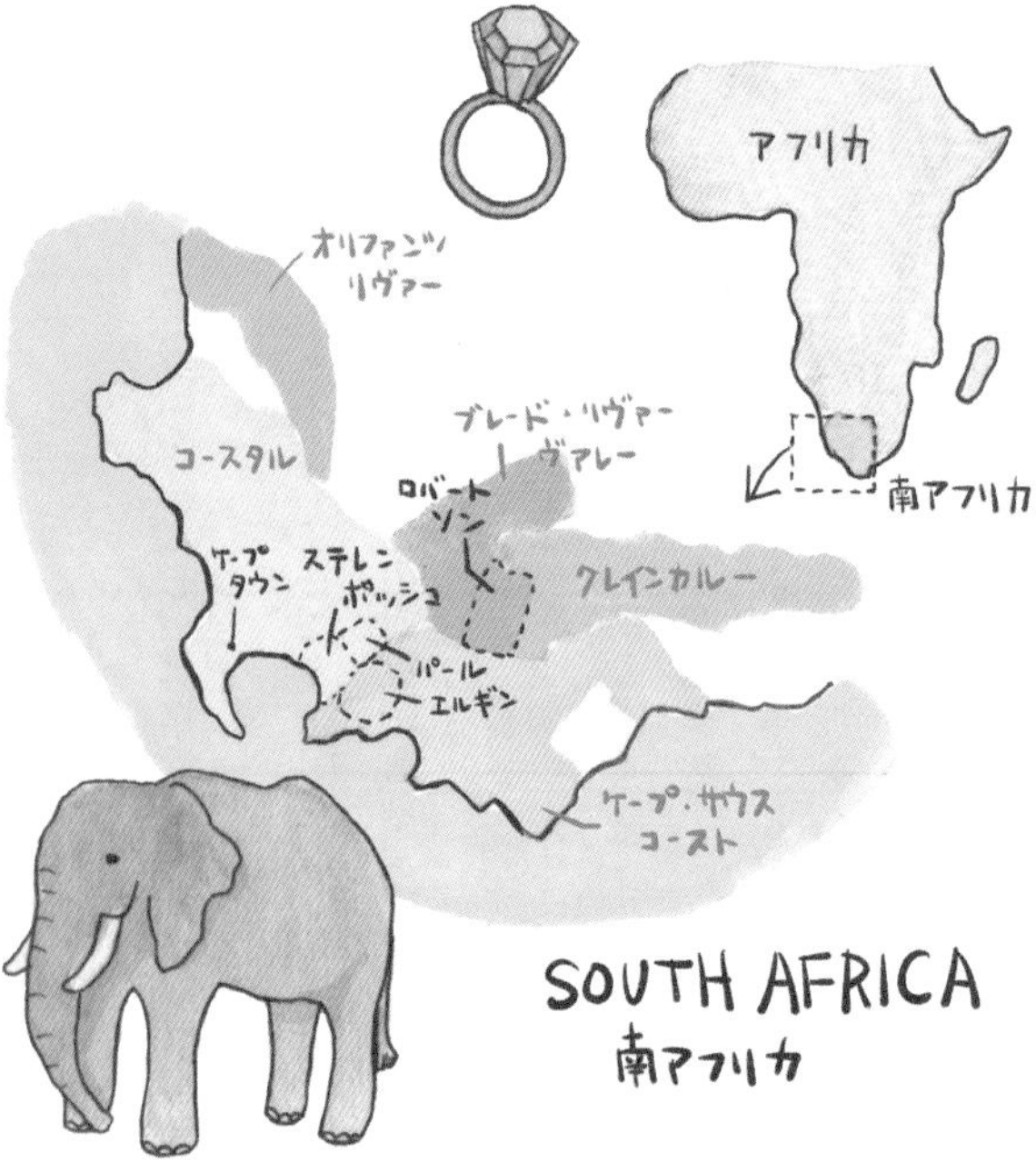

## 世界遺産の中でワイン造りをする

アフリカ大陸最南端の南アフリカは、南極からの冷たい海流の影響で緯度の割に冷涼で日照量も申し分なく、ワイン造りに適した土地です。

オランダの東インド会社が入植し、ブドウの木を植えたのがワイン造りの始まりで、国内で生産されるワインの約9割が世界遺産であるケープ植物区保護地域群の中で造られています。

喜望峰が近い西ケープ州コースタル・リージョンのステレン・ボッシュという地域は、南アフリカ随一のワイン産地。

ステレン・ボッシュ大学には栽培・醸造を研究する機関もあり、多くの醸造家を輩出しています。カベルネ・ソーヴィニヨンなどのボルドー系の赤ワインが人気です。

品質が高く、おいしいワインばかりですが、値段はお手頃なものばかり。おうちワインに迷ったら、南アフリカ産を選ぶといいでしょう。

# 日本

## 優秀なワイナリーが続々登場!

**主要品種**

赤 … マスカット・ベーリーA、メルロー、カベルネ・ソーヴィニヨン

白 … 甲州、シャルドネ

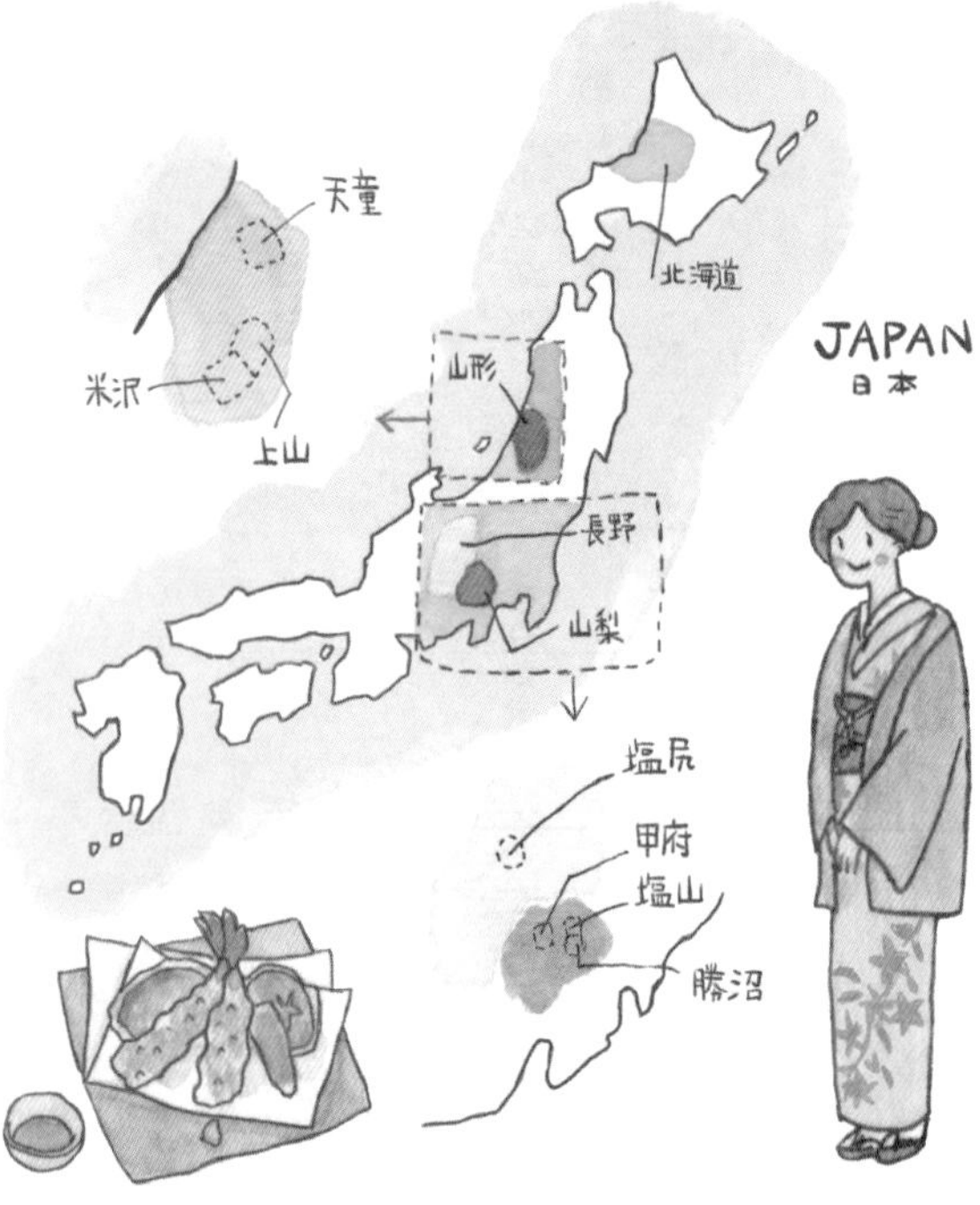

日本でのワイン造りは、明治時代に現在の山梨県甲府市で始まりました。その後、山梨県のほか、長野県、山形県、北海道など、日本全国に広がっています。ワイン用のブドウを栽培するには、日本の気候は暑すぎたり、降水量が多すぎたりと、課題もありましたが、生産者たちのたゆまぬ努力によって、日々進化を遂げています。

## 意外にも、ゆるゆるだった日本ワインのルール

日本ワインはルールが曖昧で、海外から輸入したブドウジュースで醸造したワインでも「国産ワイン」と表示されていました。しかし、2018年から国税庁が策定したワイン法が施行され、

- 「日本ワイン」は国産ブドウのみを原料とし国内で製造された果実酒
- 「国内製造ワイン」は国内製造された果実酒。海外の果汁が使われることも
- 「輸入ワイン」は海外から輸入された果実酒

と表示されるようになりました。

また2018年から日本ワイナリーアワードも開催。

受賞ワイナリーの格付けなどが行われ、大手メーカーから個人ワイナリーまで高品質なワインを造るワイナリーが認知されるようになってきました。

## 日本独自の品種も誕生

日本の固有種、白は「甲州」赤は「マスカット・ベーリーA」で、どちらも国際ブドウ・ワイン機構(OIV)に品種登録されています。

とくに「甲州」は、日本で最も栽培されているワイン用ブドウです。

「甲州」という名前ですが、どこの地域で作られても「甲州」です。生食用で販売されていることもあるので、見かけた際はぜひ食べてみてください。

甲州ワインは、一昔前の香りも味もひかえめなイメージから、技術の向上によりフレッシュでクリーンな個性を感じられ、お寿司や天ぷらのような和食にも相性抜群です。「和食にワインなんて！」という方も、ぜひ和食×日本ワインのマリアージュにご挑戦を。

マスカット・ベーリーＡは、１９２７（昭和２）年新潟県初のワイナリー、「岩の原葡萄《ぶどう》園」の創設者である川上善兵衛氏によって交配、開発されました。アメリカ系ブドウ品種のベーリーとヨーロッパ系ブドウ品種のマスカットハンブルグが交配親です。名前にも引き継がれていますね。

ストロベリーやキャンディのような香り。タンニンもひかえめで早飲みタイプが多いです。

そのほかに、シャルドネ、ソーヴィニヨン・ブラン、メルロー、カベルネ・ソーヴィニヨンなどヨーロッパでメジャーな品種も多く栽培されています。

Chapter

# 4

# ワインと食べたいレシピ

Recipe

# 白ワインに合わせる夏野菜のトマト煮

材 料（2人前）

ズッキーニ … 1本

茄子 … 2本

玉ねぎ … 1/2個

赤パプリカ … 1個

ホールトマト … 1缶

ニンニク … 1片

オリーブオイル … 大さじ4

バルサミコ酢 … 小さじ1

塩・コショウ … 適量

1
野菜を切る.玉ねぎ、にんにくは
スライス。ズッキーニとナスは
半月切り.パプリカは乱切りする.
2
フライパンに
オリーブオイルを
熱し、にんにく
玉ねぎを入れて
じっくり炒める.
3
残りの野菜を入れて
焼き色が付くまで
しっかり強火で炒める.
Pomodori Pelati
4
ホールトマトを入れ
塩.こしょう
バルサミコ酢を入れ
煮詰める.
完成

夏は白ワインのおいしい季節。私は特に、しっかりと冷やしてグビグビ飲める軽やかなタイプが好みです。そこでスーパーのイオンで、そんなワインを探してみました。お店に行ってまずビックリしたのは、ワインのカテゴリーが国別ではなく、「U980」（980円以下）「U780」「U580」と価格別に分けられていること。1000円以下のワインが棚一面に並び、説明書きも「国」「品

種」「味のタイプ」「合う料理」が記載されています。選んだのは、イタリアワイン**【ヴィラ・モリーノ・ビアンコ】**。あの有名なヴェネチアがある、ヴェネト州西部ヴェローナのワインです。ブドウの品種はトレッビアーノとガルガーネガ。どちらもイタリアならではの土着品種が使われています。緑がかったイエローカラー。グレープフルーツや青リンゴのようなフレッシュな香りに加え、引き締まった酸味、レモンをかじった後のような爽やかな苦味があり、飲み口も軽やかでサッパリしています。しっかりと冷やして気軽に飲むのにピッタリ。

そんなイタリアワインを使って、イタリアのトマト料理「夏野菜のトマト煮(カポナータ)」を作ってみました。

この夏野菜のトマト煮、作り方は若干違いますが、フランスでは「ラタトゥユ」とよびます。作ってから冷ますと煮物のように野菜に味が染み込むので、冷蔵庫で冷やして、バゲットと合わせていただきます。

塩ゆでしたスパゲッティに、粉チーズとオリーブオイルをたらして、カポナータをのせて、トマトスパゲッティのようにアレンジしてみるのもオススメです。

Recipe

# ボジョレーヌーヴォーと
# 鶏肉の赤ワイン煮

材　料（2人前）

漬け込む材料

鶏モモ肉 … 200g

玉ねぎ … 1個

にんじん … 1本

ニンニク … 1片

ローリエ … 1枚

赤ワイン … 375ml
（ハーフボトルワイン1本）

小麦粉 … 適量

バター … 10g

塩・コショウ … 適量

1
鶏肉はぶつ切り、玉ねぎは輪切り
人参は一口大に切る。
2
1の材料とローリエ
赤ワインをすべて入れ
冷蔵庫で一晩漬ける。
3
2の鶏肉を取り出し、水気を取り
小麦粉をまぶす。バターを熱した
フライパンにニンニクを入れ、鶏肉を
両面焼く。
4
鍋に2の材料と
3の鶏肉を入れ
30〜40分程
弱火で煮込む
5
完成
塩こしょうして
出来上がり!

毎年、11月の第3木曜日はボジョレーヌーヴォーの解禁日です。ニュースなどで報じられることもあり、目にしたことがあるという人も多いでしょう。

ボジョレーヌーヴォーは「マセラシオン・カルボニック」という特殊な醸造法で造られるワインです。密閉タンクに黒ブドウを入れ、炭酸ガスを充満させて数日間置き、圧搾して果汁を搾ります。その後は白ワインのように取り出した果汁を発酵させるので、色味がしっかり出て渋味の少ないワインになります。この方法で造ったワインはキャンディのような香りになるのが特徴です。

ソムリエがよく「いちごキャンディや甘草の香り」とたとえますが、この特徴を掴むと毎年の出来の違いを楽しめるかもしれません。

ボジョレー地区はフランスのワイン二大名産地であるブルゴーニュ地方の南端に位置します。そこで、ボジョレーワインに合うブルゴーニュ地方の郷土料理「鶏肉の赤ワイン煮」を紹介しましょう。フランス語で「コックオーヴァン(coq au vin)」といいますが、スーパーなどで売っているお手頃価格のボジョレーワインを使って、「コックオーボジョレー」にしてみるのはいかがでしょう。

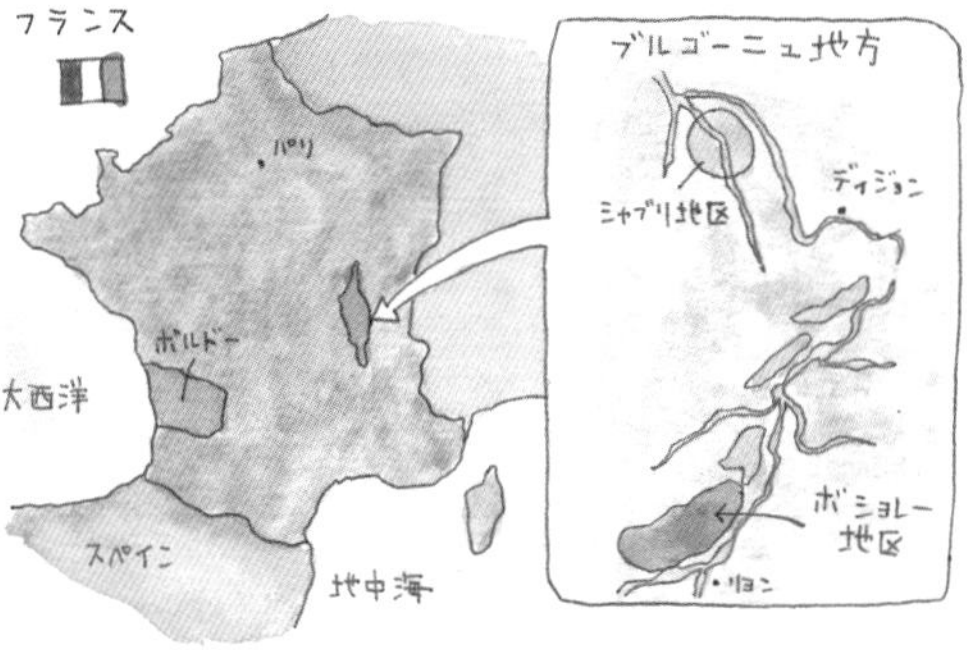

フランス
パリ
ボルドー
大西洋
スペイン
地中海
ブルゴーニュ地方
シャブリ地区
ディジョン
ボジョレー地区
リヨン


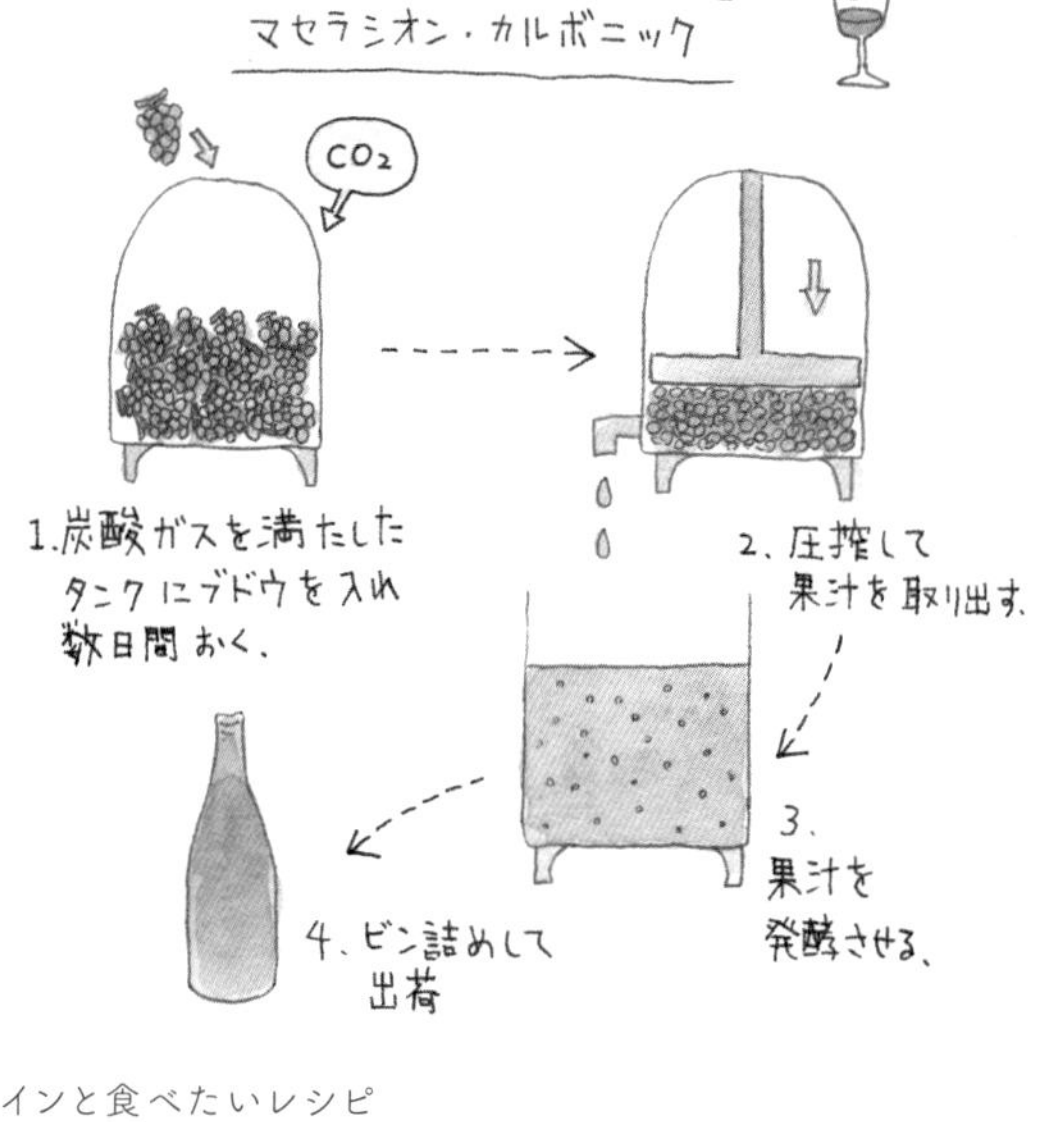

マセラシオン・カルボニック
$CO_2$
1.炭酸ガスを満たしたタンクにブドウを入れ数日間おく。
2、圧搾して果汁を取り出す。
3、果汁を発酵させる。
4、ビン詰めして出荷

Recipe

# スペインワインと楽しむ パエリア

材 料（2人前）

玉ねぎ … 1/2個
パプリカ … 2個
トマト … 1個
ニンニク … 1片
鶏肉 … 100g
あさり … 6個
（砂抜き済み）
お米 … 2合

オリーブオイル … 適量
塩・コショウ … 適量
スープの材料
水 … 400ml
白ワイン … 100ml
固形コンソメ … 1個
塩 … 小さじ1

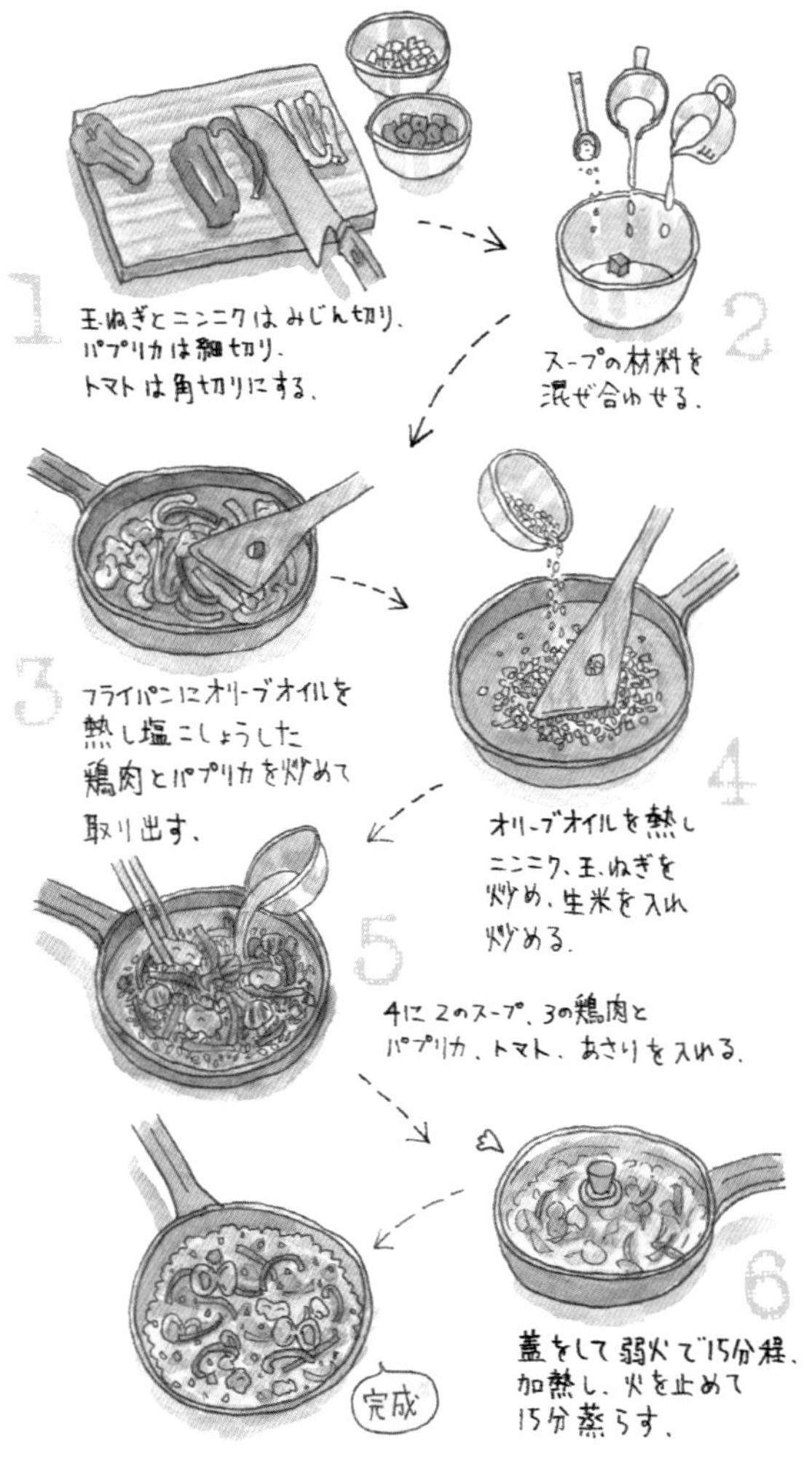
1
玉ねぎとニンニクはみじん切り、
パプリカは細切り、
トマトは角切りにする。
2
スープの材料を
混ぜ合わせる。
3
フライパンにオリーブオイルを
熱し塩こしょうした
鶏肉とパプリカを炒めて
取り出す。
4
オリーブオイルを熱し
ニンニク、玉ねぎを
炒め、生米を入れ
炒める。
5
4に2のスープ、3の鶏肉と
パプリカ、トマト、あさりを入れる。
6
蓋をして弱火で15分程、
加熱し、火を止めて
15分蒸らす。
完成

スペイン産
マルケス・デ・テナ
メルセゲラ・ソーヴィニヨンブラン

品種・メルセゲラ
・ソーヴィニヨンブラン
産地 バレンシア

ソーヴィニヨン・ブラン

気温の高い夏場や、ジメジメとした梅雨の時期は、冷蔵庫でしっかりと冷やした白ワインがピッタリです。

さっぱりとした白ワインといえばイタリアですが、それに並んでオススメなのが、お隣の国スペインのワイン。日本では**【カヴァ】**などのスパークリングワインが有名ですが、イタリアやスペインなどワイン造りに歴史がある国は「土着品種」のワインが多いのも特徴です。

土着品種とは、昔からその土地で栽培されてきた品種のことで、その土地の気候風土ならではの特性を持っています。一方、フランス・ボルドー地方のカベルネ・ソーヴィニヨンやソーヴィニヨン・ブラン、ブルゴーニュ地方のピノ・ノワールやシャルドネといった世界中で造られている品種は「国際品種」とよばれ、ワインの中でも代表的ないわば〝メジャーなブドウ〟です。

そんな土着品種とメジャー品種の両方を使ったスペインワインをイオンで見つけました。**【マルケス・デ・テナ メルセゲラ・ソーヴィニヨン・ブラン】**です。長い名前ですが、バレンシア州の土着品種メルセゲラに、国際品種のソーヴィニヨン・ブランが入っています。

メルセゲラはかなりマイナーな品種ですが、ソーヴィニヨン・ブランが入ることで「辛口で爽やかな感じかな?」と、想像できます。リンゴや白桃のような香りで、酸味のバランスもよくサラッと爽やかな後口。そんな白ワインに、同じくバレンシア地方の郷土料理であるパエリアを合わせてみました。

パエリアのスープに使用する白ワインは**【マルケス・デ・テナ メルセゲラ・ソーヴィニヨン・ブラン】**を開けて使っています。お米の固さはお好みですので、水分量は調節してくださいね。

Recipe

# ミニカルツォーネと お手頃ワイン

材 料（2～3人前）

餃子の皮（大判）… 20枚

とけるチーズ … 3～4枚

ハムやウインナー … 4～5本（枚）

ピザソース … 適量

オリーブオイル … 適量

1

餃子皮に
ピザソースをぬる。

2

1に小さくカットした
チーズとウインナーを
のせる。

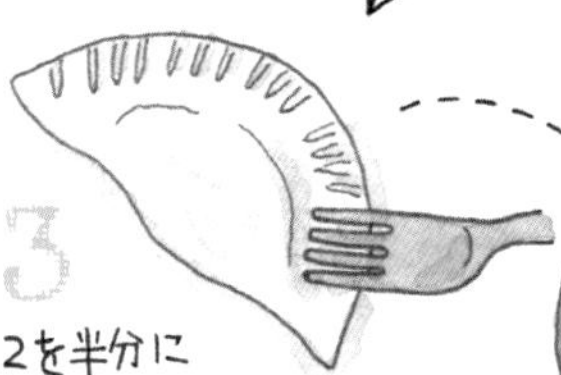

3

2を半分に
折り、フチに水を塗り
フォークで押さえる。

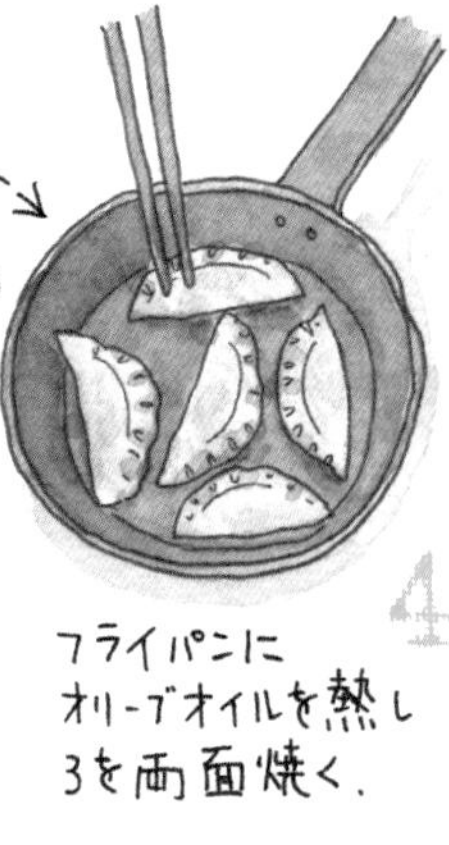

4

フライパンに
オリーブオイルを熱し
3を両面焼く。

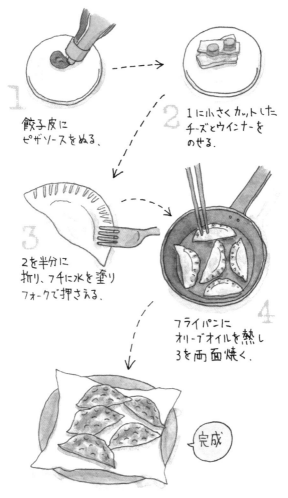

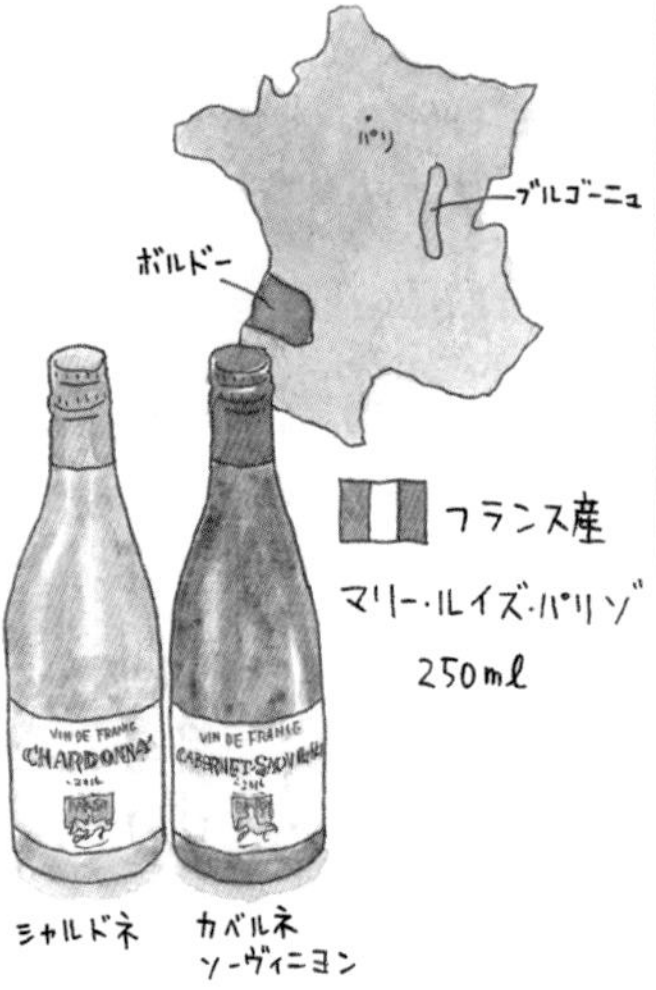


行楽シーズンはお花見やピクニックなど、アウトドアで楽しむイベントが増えてきますね。そんなとき、お弁当と一緒に持って行くとかさばる飲みもの類は、近くのお店で調達するという人も多いでしょう。特に重たいワインボトルは、周辺のコンビニやスーパーで買うのが便利です。

そんなアウトドアで楽しむのにピッタリなワインを紹介しましょう。イトーヨーカドーで見つけた、お手頃価格のフランスワイン**【マリー・ルイズ・パリゾ】**のカベルネ・ソーヴィニヨン赤と、シャルドネ白の2本です。250㎖サイズなので、通常750㎖の3分の1の量ですが、赤はブラックベリーのような香りに若々しくタンニンもしっかり。白はグレープフルーツのような心地よい酸味の辛口ワインです。この2つのワインに合わせて、餃子の皮を使った小さなカルツォーネを作ってみました。

餃子の皮以外は冷蔵庫にある食材でOK。フライパンにオリーブオイルを多めに入れ、両面を焼いたら出来上がりです。簡単ですし、カリカリとした食感でワインが進みます。お好みのものを入れて作ってみてください。

そしてお花見のときに赤白ワインを持って行くと、桜のピンク色を見て思うのでしょう。必ず「赤白を混ぜてロゼでしょ?」と、ロゼワインの造り方を聞かれます（笑）。ロゼワインの醸造法、実は4種類ほどあります。

1 **セニエ法**…ロゼワインの一般的な製法。黒ブドウを赤ワイン同様に皮ごと入れ、醸《かも》しの途中に液体だけを取り発酵させる。
2 **直接圧搾法**…黒ブドウを圧搾し液体だけを発酵させる。
3 **混醸法**…黒ブドウと白ブドウを混ぜて発酵させる。
4 **ブレンド法**…白ワインに赤ワインを混ぜる方法。

ブレンド法については、ヨーロッパでは伝統的なロゼワインの醸造法を守るため禁止されていますが、シャンパーニュ地方では認められています。

Recipe

# チリワインと相性抜群の味噌カツ

材　料（3人前）

豚肉 … 300g
卵 … 1個
パン粉 … 適量
小麦粉 … 適量
塩・コショウ … 適量
揚げ油 … 適量

味噌ダレの材料
赤味噌 … 大さじ3
砂糖 … 大さじ3
みりん … 大さじ3
酒 … 大さじ3
水 … 大さじ3
出汁の素 … 小さじ1
炒りゴマ … 大さじ1

1
味噌ダレの材料を鍋に入れ、弱火で混ぜながら煮立たせる。
2
豚肉に切り込みを入れ塩こしょうする。
3
豚肉を小麦粉→卵→パン粉にくぐらせ衣をつける。
4
180℃の油で揚げる。
完成
5
一口大に切って味噌ダレをかける。

チリは南米大陸の西側に位置し、地中海性気候で降水量が少なく、日中と夜間の寒暖差が大きいことから、ブドウ造りには最適な環境だといわれています。

日本とは、2007年にEPA（経済連携協定）が結ばれ、ワインの関税が引き下げられたことで、2015年にはチリワインの輸入量がフランスを抜いて第1位になりました。おうちで気軽にワインを楽しむ際に、チリワインは欠かせない存在なのです。

そんなチリワインをローソンの店頭で見つけました。「ローソンワイン売上ナンバー1ブランド」の文字に惹かれて手に取ったのが、チリの大手ワイナリー、コンチャ・イ・トロの**【カーサ・スベルカソー メルロー】**です。品種はメルロー。フランス・ボルドーの右岸側のシャトーでよく使われる品種で、一般的に同じボルドーの主要品種カベルネ・ソーヴィニヨンに比べると丸みがあり、まろやかです。

飲んでみるとブラックチェリーのような香りで果実味があり、重た過ぎず飲みやすい印象。ローソンの公式サイトには、相性のいい料理に「ポークカツ」「サバの味噌煮」と書いてあります。そこでハッと、この二品を組み合わせた名古屋飯「味噌カツ」を思い出しました。

果たして赤ワインと味噌が合うのでしょうか……、早速作ってみました。

レシピは揚げたトンカツに味噌ダレをかけていますが、忙しいときは買ってきたトンカツに味噌ダレをかけるだけでもOK。サクッとしたカツに味噌ダレを付けて赤ワインと合わせてみると、あら不思議！　お互いが邪魔しないんです。

ワインのタンニンをくっきりと感じますし、豚肉の甘味が引き出されおいしくいただけました。味噌はチーズと同じ発酵食品なので、相性がいいんですね。この名古屋風の味噌ダレは、余ったら野菜炒めや茄子田楽などにも使い回せます。ぜひ試してみてくださいね。

Recipe

# ノヴェッロがおいしい
# ジャーマンポテト

材 料（2人前）

じゃがいも … 3個
玉ねぎ … 1/2個
ソーセージ … 5本
にんにく … 1片
塩・コショウ … 少々
パセリ … 適量
オリーブオイル … 大さじ1
粉チーズ … 大さじ1

1

じゃがいもは、よく洗って皮ごと乱切りし
玉ねぎは薄切り、ソーセージは
半分に切る。

2

じゃがいもを水にくぐらせ
耐熱容器に入れ、
ラップして
電子レンジで(600w)
5分程 加熱する。

3

フライパンを熱し オリーブオイルと
にんにくを入れ、
玉ねぎ、ソーセージを炒める。

4

さらに 2のじゃがいもを
加えて炒め、塩こしょうする。

5

火を止め、パセリと粉チーズを
かけて出来上がり。

毎年11月の第3木曜日といえばボジョレーヌーヴォーの解禁日。そんなボジョレーヌーヴォーに先駆けて、その約半月前に解禁になるイタリアの新酒「ノヴェッロ」をご紹介しましょう(解禁日は毎年10月30日)。

ボジョレーヌーヴォーは、フランス・ブルゴーニュ地方のボジョレー地区で収穫されたガメイという品種で造られたワインのことで、それ以外のものは認められていません。

一方、イタリアの「ノヴェッロ」は「新酒」「出来立て」という意味で、特に品種の決まりはなく北から南まで多種多様なワインを楽しめます。気候のよい地域で収穫されるブドウならではの、凝縮された味わいはまるで果実の爆弾！ イタリアらしく親しみやすさを感じるワインです。

そんなノヴェッロの中でも、ここ数年楽しみにしているのが【ファルネーゼ ヴィーノ ノヴェッロ】です。こちらはアドリア海沿岸にある州、アブルッツォ産のワイン。ファルネーゼは、高品質でお買い得なワインを造る生産者として数々の賞を受賞しています。ボトルもおしゃれで、ベリーやイチゴのような果実の凝縮した旨味を感じられるワインです。みんなでワイワイ楽しく飲むのにピッタリでしょう。

アブルッツォ州はサラミやソーセージ作りが盛んな地域です。そこで、このノヴェッロに合わせて簡単なジャーマンポテトを作ってみました。イタリアワインに合うように、オリーブオイルとチーズを使用。サイドメニューとしても使えますし、何より材料はいつも冷蔵庫にあるものばかりなので思いついたときにサッと作れるのがいいですね。ファルネーゼのノヴェッロはネット通販などで購入できます。【ファルネーゼ ノヴェッロ】で検索してみてくださいね。新酒ワインなので数量限定ですが、1本2000円代から購入可能です。

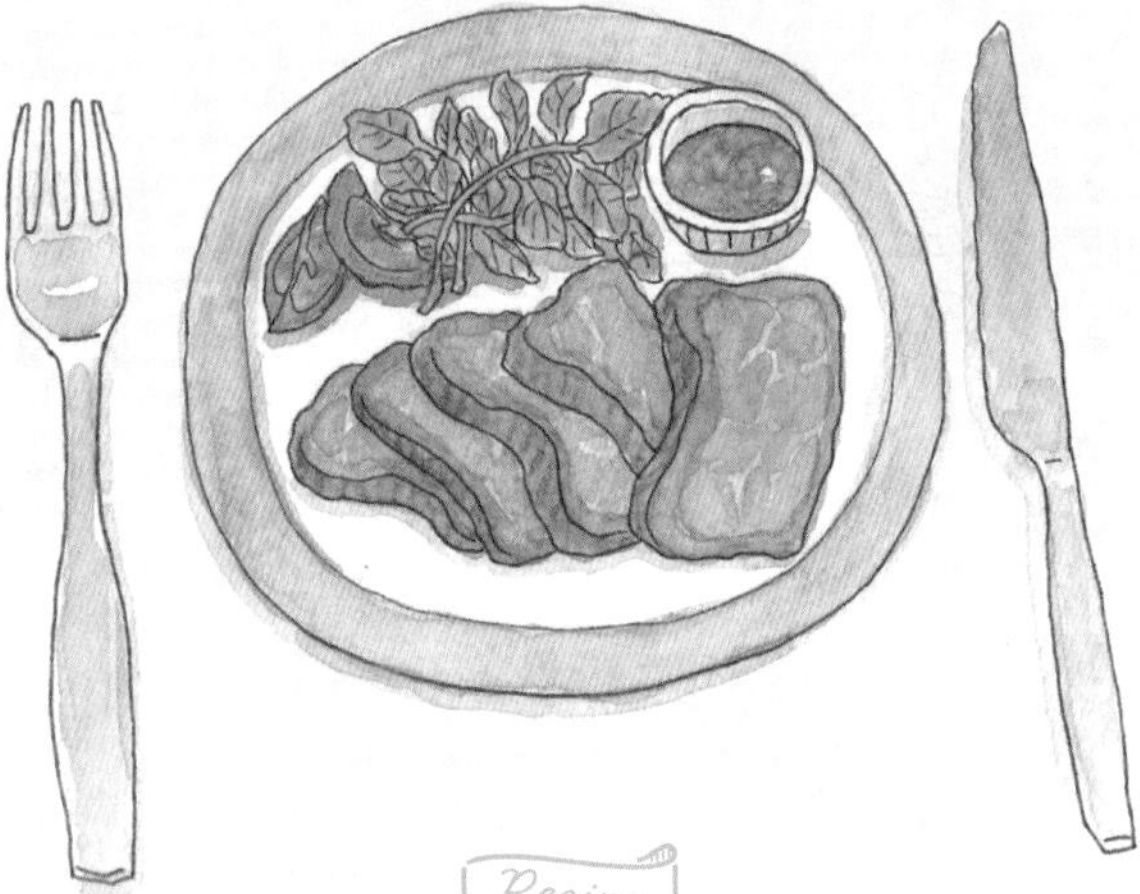

Recipe

# 炊飯器を使った
# 絶品ローストビーフ

材 料（2～3人前）

牛肉ブロック … 400g

塩・コショウ … 適量

ソースの材料

- 醤油 … 大さじ3
- みりん … 大さじ3
- 酒 … 大さじ2
- 酢 … 大さじ1
- 玉ねぎ … 1/2個
- 生姜 … 1片

1
沸騰したお湯を
炊飯器に入れて
保温スイッチを押す。
2
室温に戻した肉に
塩、こしょうを
すり込む。
3
フライパンで表面を
強火で焼いて
肉汁を閉じ込める。
4
焼いた肉をジップロックに
入れ密閉し、炊飯器に
浸けて30分保温する。
5
取り出し氷水に入れて
粗熱を取る。
6
完成

玉ねぎソース

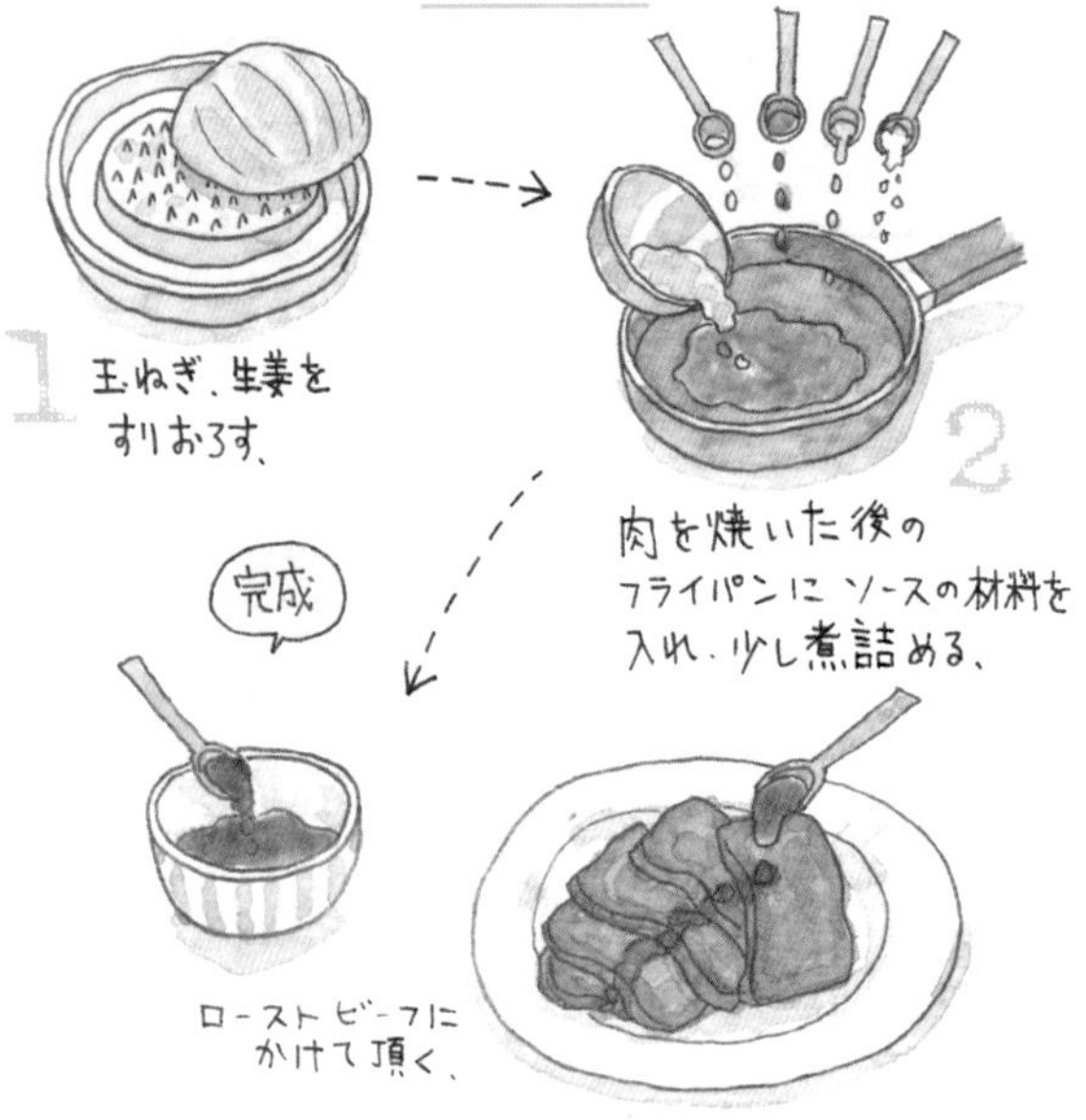
1
玉ねぎ、生姜を
すりおろす、
2
肉を焼いた後の
フライパンに ソースの材料を
入れ、少し煮詰める、
完成
ローストビーフに
かけて頂く、

年末年始の華やかな席で喜ばれそうなローストビーフ。とはいえ、塊の肉をオーブンで焼くのは難しそう……と尻込みしてしまいそうですが、あるモノを使うことで意外と簡単に豪華なローストビーフが作れます。私もそれまではオーブンを使っていましたが、どうしても固くてパサついてしまうことが多く、家族にも不評でした。

あるとき、友人宅でいた

だいたローストビーフがやわらかくしっとりしていて感動！　作り方を聞いたところフライパンで表面を焼いた後にジップロックに入れて湯煎することを教わりました。

湯煎といっても炊飯器に沸騰したお湯を入れ、保温スイッチを押して30分間置き、炊飯器から取り出したら冷やすだけなので、とっても簡単。お肉を焼いた後のフライパンで作る玉ねぎのソースでさっぱりといただきます。

では、早速作ってみましょう。

ポイントは3つです。最初にお肉を常温に戻す。フライパンで表面に焼き色を付け旨味を閉じ込める。炊飯器から取り出してすぐに冷水でお肉の粗熱を取る。この3つを押さえることで、格段に成功率が上がります。

ステーキよりもやわらかいので子供にも好評です。生っぽいお肉が苦手な方は、炊飯器に入れる時間をもう10分程長くするといいでしょう。ワインのおつまみにもピッタリ。軽めの赤やロゼなどにもよく合いますし、玉ねぎソースが和風なのでお正月は日本酒と合わせてもよさそうですね。

Recipe

# イタリアワインとアスパラのチーズ焼き

材 料（2人前）

アスパラガス … 6本程
じゃがいも … 1個
ベーコン … 3枚
とろけるチーズ … 適量
塩・コショウ … 適量

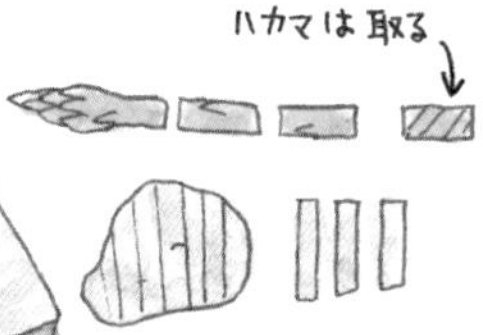


1

アスパラは3等分、じゃがいもは
皮をむき短冊切り。
ベーコンは2cm幅に切る。

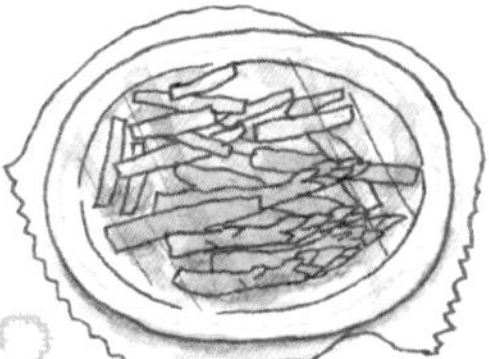

2

アスパラとじゃがいもを
2分程レンジで温める。

3

フライパンを熱し
ベーコン、アスパラ
じゃがいもを炒める。

4

耐熱皿に3を移し
チーズをかけて
トースターで6分焼く。

春から夏にかけての季節は、さっぱりとした味わいの白ワインがおいしく感じます。

とりわけイタリアワインの白は、気温が上がり始める爽やかな初夏に一番飲みたくなるワインです。

今回は生協（日本生活協同組合連合会）で見つけた**【コープイタリアのワイン（白）】**をご紹介したいと思います。

このワイン、なんとコープイタリアと日本の生協が共同開発したワインなのです！　イタリアに生協があるなんて驚きましたが、本場イタリアで売られているコープのワインというのは気になりませんか？

産地はイタリア北東部にあるエミリア・ロマーニャ州。州都はあのミートソースのボロネーゼで有名なボローニャです。

こちらのワインは、そのエミリア・ロマーニャ州の契約農家で栽培されたブドウを使っています。

白い花のような香りに、フレッシュでグレープフルーツのような爽やかな味わい。さっぱりとした後口で、とてもイタリアらしい白ワインです。

エミリア・ロマーニャ州は「美食の州」ともいわれ、ボロネーゼ以外にも、生ハムやサラミ、そしてアスパラガスが有名です。

というわけで、旬のアスパラガスを使ってパパッと作れる簡単なおつまみを紹介しましょう。

アスパラガスは細めのものを選びましょう。じゃがいもは短冊切りにして、火が通りやすいようにしています。また、じゃがいもとアスパラガスをあらかじめレンジで温めておくことで、フライパンで炒める時間を短くすることが可能です。

アスパラガスのベーコン巻きは子供のお弁当用によく作る定番メニューですが、それにチーズが加わるだけで一気にお酒のおつまみに大変身します。

Recipe

# 冬のイベントに作りたい ホットワイン

材 料（3人前）

玉赤ワイン … 375ml
（ハーフボトルワイン1本の量）

オレンジジュース … 200ml（果汁100％）

オレンジ … 1/2個

シナモン … 1本

クローブ … 5粒

砂糖 … 大さじ1

1
鍋に赤ワインと
オレンジジュースを入れる。
2
オレンジを
スライスする。
3
オレンジ、シナモン、クローブ
砂糖を入れ弱火で
5分程煮る。
完成
4
カップに注ぐ。

ホットワインといえば、ヨーロッパではクリスマスの定番飲み物で、クリスマスマーケットなどでも売られています。

赤ワインにフルーツやスパイスなどを入れて煮立てた熱々のワインを飲みながら、クリスマス用の食材やツリーのオーナメントを探すなんて、素敵ですね。スパイスが入っているので、体の中からポカポカと温かくなりますし、寒い季節にはピッタリです。

今回使用したワインは、ファミリーマートで販売しているオーストラリアワイン**【レインボーロリキート カベルネ・ソーヴィニョン】**です。ブラックチェリーのような香りに、タンニンも渋味もしっかりしていて、天候のいい場所で育ったブドウを感じられます。産地はアデレード近郊、バロッサ・ヴァレー。オーストラリアの単一品種が約500円だなんて…と思われるかもしれませんが、これには理由があります。裏のラベルを見ると原産国はオーストラリアですが、ボトリングは日本の会社。つまり、現地の大手ワイナリーからワインをバルク（150ℓ以上の容器）で購入し、日本で瓶詰めした商品なのかもしれません。瓶詰めしてから輸送するよりコストが大幅に抑えられることに加え、数年前に日本とオーストラリアの間でEPA（経済連携協定）が結ばれ、バルクワインの関税率がゼロになったからこその価格なのでしょうか。コンビニで手頃なオーストラリアワインが手に入るなんて、いい時代になりました。

分量はマグカップ3杯の量で作ってみました。フルボトル（1本分）を使う場合は、材料を2倍にしてください。お酒が苦手な方は沸騰させてアルコールを飛ばしても大丈夫です。弱火でコトコト5分ほど煮ればすぐに飲めますが、さらに1晩漬けるとスパイスやフルーツの香りが深くなります。

Recipe

# チリワインに合う
# 牡蠣のアヒージョ

材 料（2人前）

牡蠣 加熱用 … 1パック
エリンギ … 2本
オリーブオイル … 150cc
ニンニク … 2片
鷹の爪 … 1本
塩・コショウ … 少々

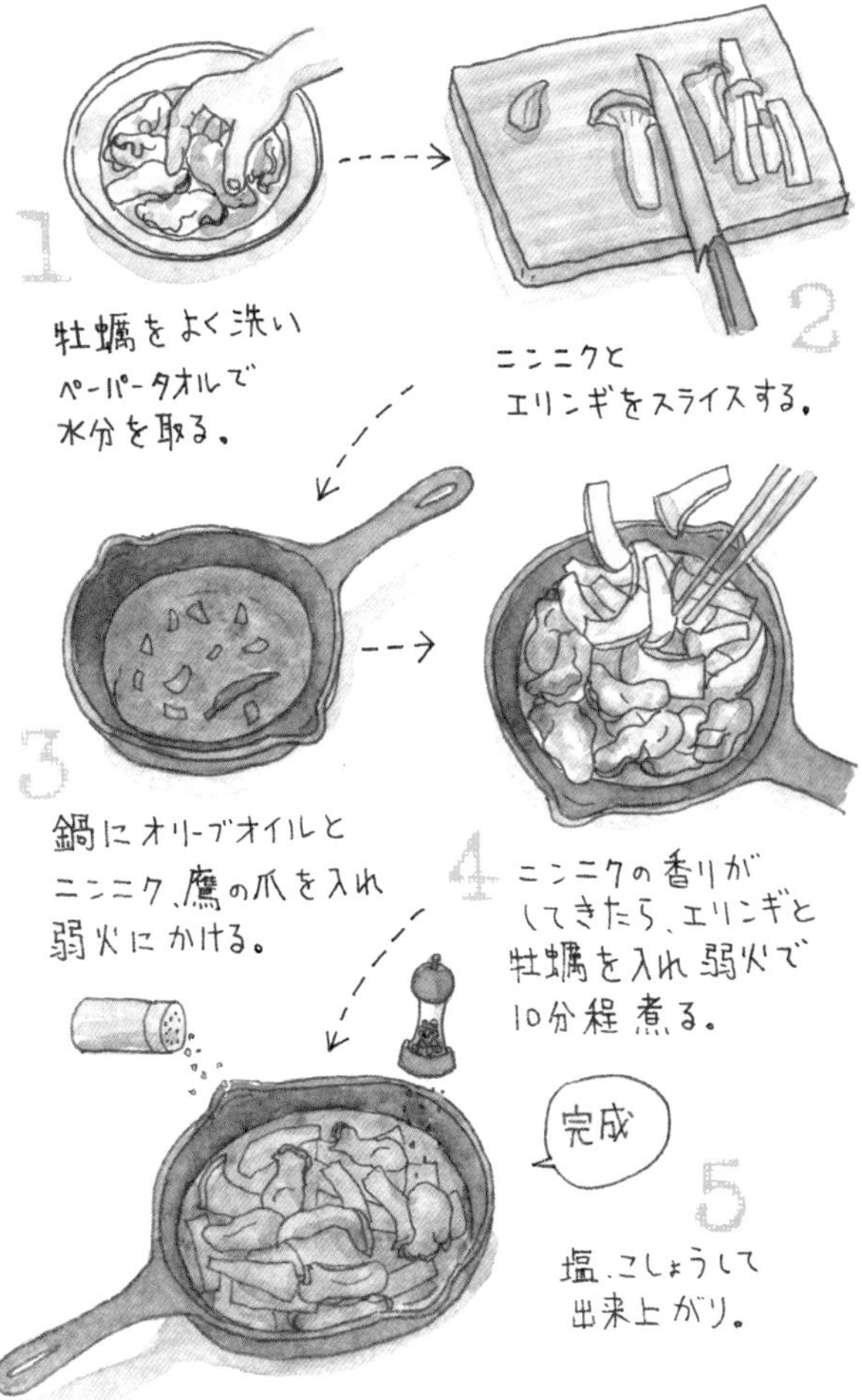
1
牡蠣をよく洗い
ペーパータオルで
水分を取る。
2
ニンニクと
エリンギをスライスする。
3
鍋にオリーブオイルと
ニンニク、鷹の爪を入れ
弱火にかける。
4
ニンニクの香りが
してきたら、エリンギと
牡蠣を入れ弱火で
10分程煮る。
完成
5
塩、こしょうして
出来上がり。

冬の味覚である牡蠣と相性のいいワインといえば、フランス・ブルゴーニュ地方のシャルドネから造る辛口白ワイン【シャブリ】でしょう。

そんなシャルドネを使った人気のデイリーワインがあります。それが、コンビニやスーパーでよく見かけるアルパカのイラストが目印のチリワイン【サンタ・ヘレナ・アルパカ シャルドネ・セミヨン】です。【サンタ・ヘレナ・アルパカ】シリーズは、輸入ワインで〝売上容量ナンバー1〟（2018年9月実績）というだけあり、コスパに優れた普段使いにぴったりなワインでしょう。

商品名の通り、シャルドネとセミヨンのブレンドですが、シャルドネはブルゴーニュ地方で使われるブドウの品種で、一方のセミヨンはボルドー地方の品種です。ワイン法による規制が厳しいフランスではお目にかかれない組み合わせなので、ニューワールド（新世界）ならではの面白さがあります。実際に飲んでみると、コクがあり、しっかりとした辛口で食事との相性は抜群でした。

このワインに合わせるおつまみは、先述の牡蠣を使ったアヒージョ。魚介類をオリーブオイルとニンニクで煮込んだ定番のスペイン料理ですね。

具材は帆立やタコなども合うので、いろいろなバリエーションを楽しんでみてはいかがでしょう。鍋にスキレットを使えば、そのまま食卓に並べられます。

ワインと合わせると、お互い味に膨らみが出てとてもおいしくいただけました。残ったオイルはパスタと合わせれば、ペペロンチーノスパゲッティになって2度楽しめますよ。

Recipe

# 辛口のシャルドネと鮭のホイル焼き

材料（2人前）

鮭 … 2切れ

ジャガイモ … 2個

玉ねぎ … 1/2個

とろけるチーズ … 大さじ1×2つ分

マヨネーズ … 小さじ2×2つ分

塩・コショウ … 適量

1 じゃがいもは皮をむき
厚さ1cmの輪切り。
ラップに包みレンジで
1分加熱。

2 アルミホイルに
スライス玉ねぎ
1のじゃがいも
鮭の順に重ねる。

3 鮭の上にマヨネーズと
チーズをのせる。

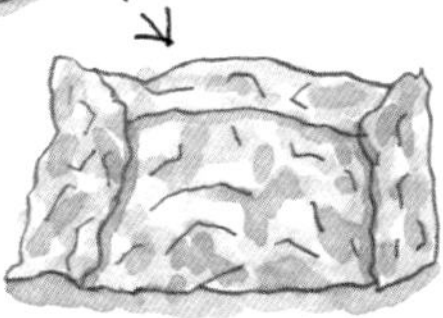

4 ホイルで包み
トースターで
12分焼く。

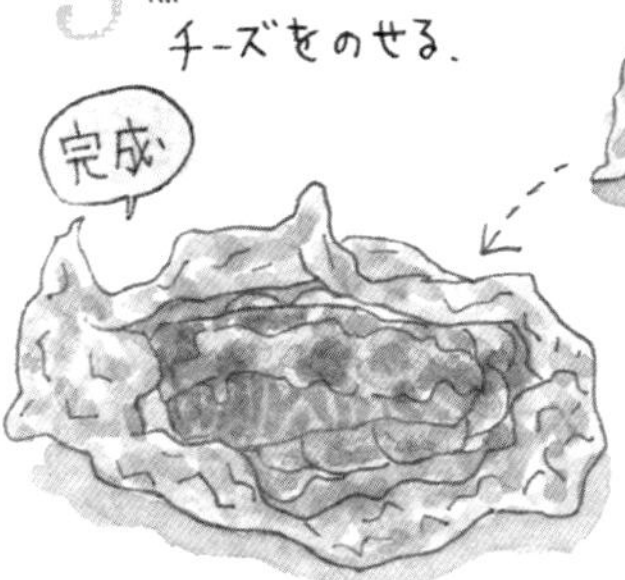

カルディコーヒーファームで販売している**【レッドウッド】**をご存知でしょうか？　赤白どちらもあり、飲みやすく何といっても手頃な価格が魅力のカリフォルニアワインです。特にアメリカ・カリフォルニア産のシャルドネを使った白ワイン**【レッドウッド シャルドネ（白）】**はお手頃価格にも関わらず、とっても満足度の高い1本。

　我が家では年末などの人が集まる時期に箱買いして、デイリーワインとして楽しんでいます。

シャルドネといえば、フランス・ブルゴーニュ地方のワイン**【シャブリ】**などが有名ですが、アメリカのシャルドネは本家のシャープな酸味とは異なり、明るく朗らかなイメージです。

トロピカルフルーツ、洋梨、バタートーストのような香りに加え、果実味と酸味のバランスがよく、しっかりとした辛口が本家とは違う魅力でしょう。そして、このワインに合わせたいのが「鮭のホイル焼き」です。

しっかりとした味わいの白ワインなので、マヨネーズとチーズをのせて少し濃い味付けにしてみました。子供も大好きな組み合わせで、おつまみとしてはもちろん、ご飯のおかずにもピッタリです。私は魚焼きグリルで焼きましたが、フライパンでもOK。その場合は、適量の水を加えて蓋をして、15分ほど蒸し煮にします。マヨネーズや鮭の旨味を吸ったジャガイモは、ホクホクとしてワインによく合いますよ。おうちにある材料で簡単に作れるので、ぜひ試してみてください。

Recipe

# ロブション直伝！
# じゃがいものピュレ

材料

じゃがいものピュレ

- じゃがいも … 500g
- 無塩バター … 125g
(サイコロ状に小さくカット)
- 牛乳 … 250cc(温める)
- 塩 … 少々

ひき肉の重ね焼き
シェファーズパイ

- じゃがいものピュレ
- 合挽肉 … 150g
- 玉ねぎ … 1/2個
- パン粉 … 適量
- 塩·こしょう … 適量
- バター … 適量

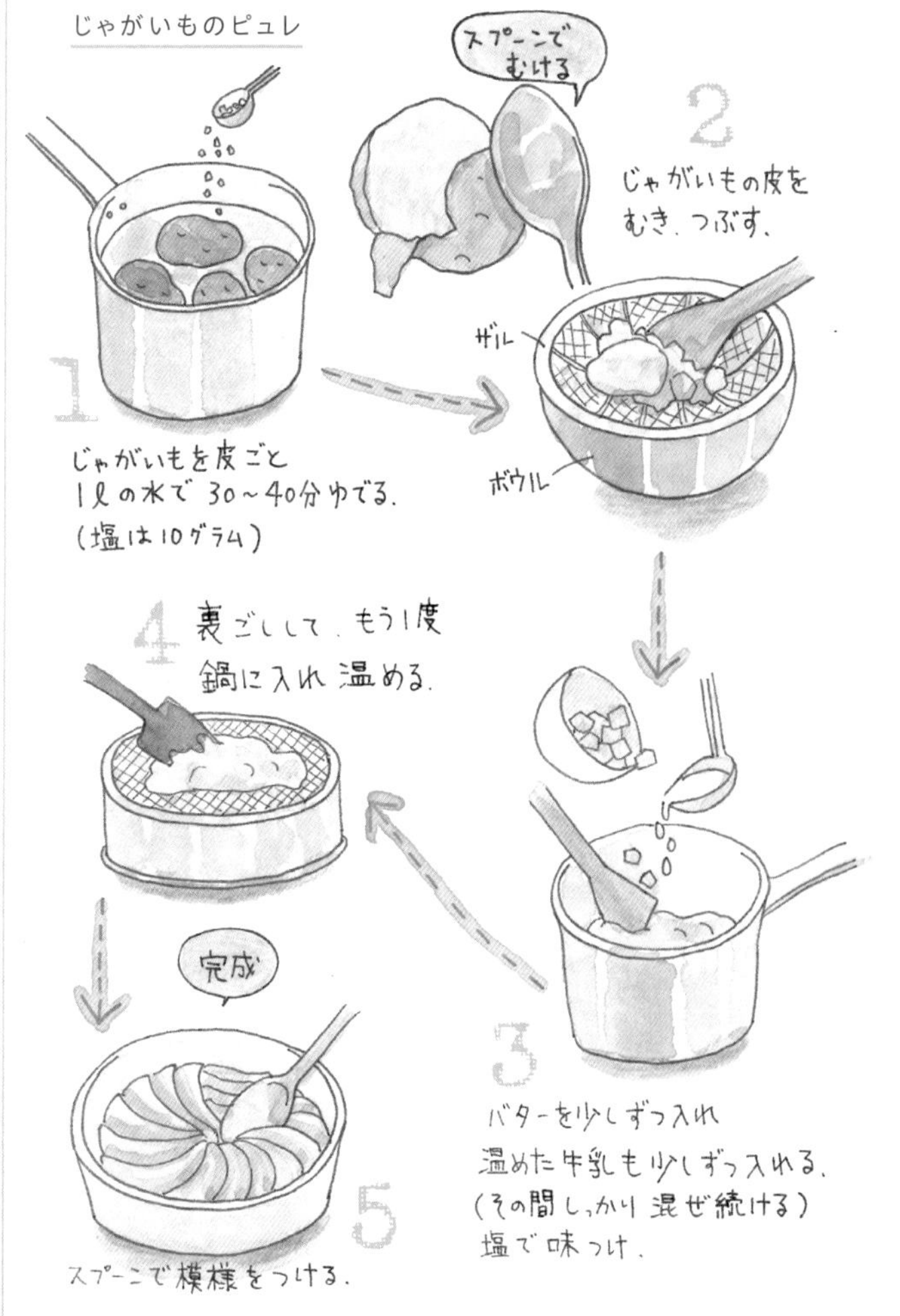
じゃがいものピュレ
スプーンでむける
1
じゃがいもを皮ごと
1ℓの水で30〜40分ゆでる。
（塩は10グラム）
2
じゃがいもの皮をむき、つぶす。
ザル
ボウル
3
バターを少しずつ入れ
温めた牛乳も少しずつ入れる。
（その間しっかり混ぜ続ける）
塩で味つけ。
4
裏ごしして、もう1度鍋に入れ温める。
完成
5
スプーンで模様をつける。

## ひき肉の重ね焼き シェファーズパイ

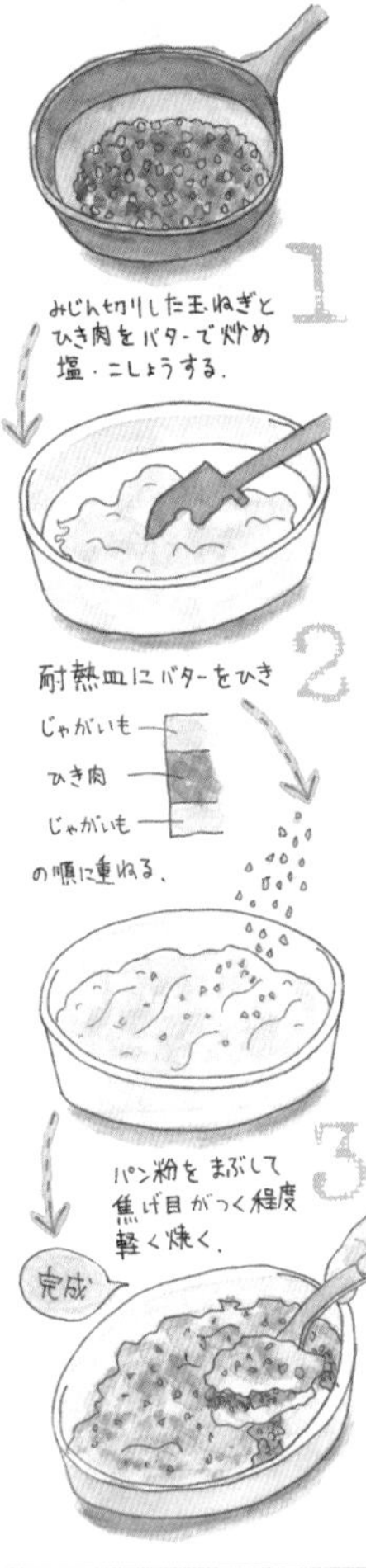
1
みじん切りした玉ねぎとひき肉をバターで炒め塩・こしょうする。
2
耐熱皿にバターをひき
じゃがいも
ひき肉
じゃがいも
の順に重ねる。
3
パン粉をまぶして焦げ目がつく程度軽く焼く。
完成

以前、NHKの朝の番組『あさイチ』でミュシュラン3つ星シェフのジョエル・ロブション氏が登場したことがありました。冗談交じりで楽しそうに自前のレシピを披露する姿を見て、フランス料理界の巨匠といわれる方なのに、チャーミングで温かい人柄に驚いた記憶があります。

そこの中で紹介されたのが「じゃがいものピュレ」です。約35年前に考案された当時マッシュポテトは家庭料理で、一流レストランで提供されたことは大きな衝撃だったそうです。(当時)V6の井ノ原さんを「たまらなく幸せ、口からなくなるのが切ない」とまでいわしめたこのレシピを再現してみましょう。

作り方はシンプルですが、じゃがいもを皮ごとゆでたり、牛乳を温めて入れたりと目から鱗のプロの技が光ります。バターはたっぷり使うので、ご家庭で調節するとよさそうです。あの素朴なじゃがいもが、こんなにも洗練されるものか！と驚くほどなめらかで上品な味わいに仕上がりました。

じゃがいものピュレは、お料理の付け合わせなので、本来はステーキなどを焼くといいのでしょうが、我が家では子供やお年寄りも食べられるひき肉の重ね焼きにしてみました。すると、これが家族に大好評！

こちらのアレンジレシピもご紹介します。ちなみに我が家では、子供が食べ過ぎてしまうので、じゃがいものピュレのバターは半量にしました。

ひき肉の味付けはあくまでシンプルに。パンを焼くぐらいの火力で、軽く焼き目を付けてください。家庭料理のマッシュポテトを、ロブション氏が高級フレンチにしたのにそれをまた、家庭料理に応用したら怒られそうですが（汗）、びっくりするほど品のあるシェファーズパイが出来上がりました。一皿なくなるのがアッという間！ 赤、白、ロゼ、どのワインにもよく合いますよ。

Recipe

# チリの白ワインと
# サンマのパン粉焼き

材 料（1人前）

サンマ … 1本

パン粉 … 大さじ2

ハーブミックス … 小さじ1

オリーブオイル … 大さじ2

塩・コショウ … 適量

1

サンマを三枚におろし
食べやすい大きさに切る、

2

耐熱皿にオリーブオイルをぬり
サンマを並べて入れる、

3

パン粉、ハーブミックス
塩こしょうを ボウルに入れ
よく混ぜる、

4

2に3のパン粉をまぶし
オリーブオイルを まわしかける、

5

トースターで6分程焼いて
出来上がり、

秋の味覚の代表といえばサンマでしょう。旬のサンマは塩焼きもおいしいですが、我が家の定番メニューは圧力鍋で煮た甘露煮とワインに合わせたいときは「パン粉焼き」です。

そんな、パン粉焼きを作る際に重宝するのが、カルディコーヒーファームで販売している「スパイスファクトリー お魚のためのハーブミックス」。オレガノ、タイム、バジル、ペパーミントがミックスされたスパイスで、その名の通りお魚料理のために作られた商品です。こういったドライハーブは数種類揃えようとすると意外と値が張るので、これ1つでお魚の香草パン粉焼きに使えるというのは便利ですね。また、一般的なハーブソルトとは違って、お塩が入っていないため、いろいろな味付けに使えるのも嬉しいポイントです。

ワインは同じくカルディコーヒーファームで買ったチリワイン**【リオ・アルト】**の白を選びました。

花のような香りに、青リンゴのようなフレッシュでフルーティーな味わい。ライムのような心地よい苦味があり、お魚料理との相性がいいワインです。

サンマを3枚におろすのは面倒という方は、サンマの刺身でもOK。パックから耐熱皿に移して、パン粉をかけて焼くだけなので、とっても簡単です。

焼き時間の目安はトースターで6分程度。パン粉がカリカリになるくらいまで焼くと、香ばしくておいしいですよ。お好みでレモンやかぼすを搾ると、さらにワインとの相性がよくなります。

またハーブミックスは、パン粉焼き以外にも様々な料理に活用できます。マヨネーズと混ぜるだけで簡単タルタルソースの出来上がり！　アジフライなどに添えれば、爽やかでワンランク上の味わいが楽しめます。セージやローズマリーをミックスした「スパイスファクトリー　お肉のためのハーブミックス」もあるので、気になる方はチェックしてみてくださいね。

## 参考文献


『日本ソムリエ協会 教本』
日本ソムリエ協会 制作(日本ソムリエ協会)

『ワイン基本ブック(わかるワインシリーズ)』
ワイナート編集部 編著(美術出版社)

『ボルドー基本ブック(わかるワインシリーズ)』
ワイナート編集部 編著(美術出版社)

『田崎真也のワインを愉しむ』田崎真也 著(毎日新聞社)

『知識ゼロからのワイン入門』弘兼憲史 著(幻冬舎)

『NHKまる得マガジンMOOKソムリエ直伝
チャートで選べる家飲みワインガイドブック』
佐藤陽一 著(NHK出版)

『ワインは楽しい!』
オフェリー・ネマン 著/ヤニス・ヴァルツィコス 絵/
河 清美 訳(パイ インターナショナル)

『ワイン一年生』
小久保 尊 著/山田コロ 絵(サンクチュアリ出版)

『最新版ワイン完全バイブル』井出勝茂 監修(ナツメ社)

『基本を知ればもっとおいしい! ワインを楽しむ教科書』
大西タカユキ 監修(ナツメ社)



- 4章は2016年9月から2018年12月の間に、goo「いまトピ」に掲載された「Tamyのワインノート」「Tamyのおうちでせんべろ」の記事を、加筆・再構成の上、まとめたものです。
- 本書は、三才ブックスより刊行された『いちばんわかりやすい図解 ワインの基本』を、文庫収録にあたり改題のうえ、改筆・加筆したものです。

Tamy（タミー）

イラストレーター、エッセイスト。

ドイツワインの輸入商社勤務を経て、結婚・出産。二児の子育てと義両親の介護の傍ら、ワインエキスパートの資格を取得。

トラベラーズノートに描いた食べもの日記がInstagramで話題になり、現在のフォロワー数は約7万人。丁寧でやさしいイラストで、国内外から人気を呼ぶ。

現在「ESSE online」でレシピ記事を連載中。

著書に『たべてしあわせ　おいしいノート』（三交社）がある。

Instagram @tamytamy2015

知的生きかた文庫

世界一《せかいいち》おいしいワインの楽《たの》しみ方《かた》

著者　Tamy《タミー》

発行者　押鐘太陽

発行所　株式会社三笠書房

〒一〇二-〇〇七二　東京都千代田区飯田橋三-三-一

電話〇三-五二二六-五七三四〈営業部〉

　　〇三-五二二六-五七三一〈編集部〉

https://www.mikasashobo.co.jp

印刷　誠宏印刷

製本　若林製本工場



ISBN978-4-8379-8846-5 C0130

知的生きかた文庫

## やりすぎないからキレイになれる捨てる美容

小田切ヒロ

＊肌もメイクも、生き方も軽やかになる本！

厚塗りメイクや心のくもり……「捨てる」ことはあなたの肌が本来持つ力を引き出し、最短でキレイに導きます。この一冊で、いらないものを削ぎ落そう！

## 太るクセをやめる本

本島彩帆里

＊太るクセをやめたら、ずっと美しく健康でいられる！

食べ方のクセ、考え方のクセ、行動のクセ。無意識のクセが、キレイになるのを邪魔しているのかも。あなたのヤセられない原因を探りませんか？

## 化粧いらずの美肌になれる3つのビューティケア

菅原由香子

＊お金も手間も時間もかからない！そのままでキレイな素肌の磨き方

「スキンケア」「腸内環境」「食品、化粧品、シャンプーの添加物」――この3つに気を配れば肌はたちまち美しくなる。人気皮膚科医が教える本物の美容法！

C30141